Rubik

Ernő Rubik nació en Budapest el 13 de julio de 1944. Hijo de un ingeniero aeronáutico y una escritora, estudió escultura y arquitectura, disciplinas artísticas que dirigieron su producción creativa más tarde. Para Rubik la educación fue el motor de su vida, por eso tal vez encaminase sus pasos hacia la enseñanza en 1971. Impartió clases de arquitectura, durante las cuales solía inventar juegos geométricos que pueden considerarse concepciones primigenias de su famoso cubo. El espacio, reconoce, le intrigó siempre: el movimiento, su interacción con el tiempo, la relación que el hombre consigue crear con él. Sus inquietudes, combinadas con su eterna voluntad lúdica y creativa, acabarían dando lugar a su juego más conocido y celebrado: el cubo de Rubik, del que hasta el momento se han vendido más de 400 millones en todo el mundo.

Además, Rubik es un bibliófilo declarado: los libros, dice, le permitieron conocer el mundo y a las personas que lo habitan. Es fan incondicional de las novelas de ciencia ficción. *Rubik: La increíble historia del cubo que cambió nuestra manera de aprender y jugar*, son las memorias de un genio creativo entregado al juego y a la invención.

ERNŐ RUBIK

Rubik
La increíble historia del cubo que cambió nuestra manera de aprender y jugar

Traducción de Daniel López Valle

Título original: *Cubed: the puzzle of us all*

Diseño de colección y cubierta: Setanta
www.setanta.es
© de la ilustración de cubierta: Álvaro Bernis
© de la fotografía del autor: Simon Móricz-Sabján

© del texto: Ernő Rubik, 2020
Todos los derechos están reservados y pertenecen
a Open Book Invest Kft, Budapest.
Edición gestionada a través de Open Book Invest Kft y SalmaiaLit
© de la traducción: Daniel López Valle, 2021
© de la edición: Blackie Books S.L.U.
Calle Església, 4-10
08024 Barcelona
www.blackiebooks.org
info@blackiebooks.org

Maquetación: David Anglès
Impresión: Liberdúplex
Impreso en España

Primera edición: julio de 2022
ISBN: 978-84-19172-25-9
Depósito legal: B 2431-2022

Para Ágnes.

Índice

Introducción   7

1   9

2   35

3   53

4   97

5   125

6   155

Entrevista con los autores   193

Si de entrada la idea no es absurda,
no esperes nada de ella.

Albert Einstein

Introducción

Mi nombre oficial es Cubo de Rubik. «Cubo Rubik» me suena más natural, pero nadie me ha preguntado nunca por mis sentimientos. Si fuese de sangre noble podríais llamarme «Cubo Mágico Húngaro von Rubik», pero no es el caso. Personalmente, prefiero «Cubo Mágico» porque me recuerda a mi infancia, pero mis amigos me llaman sencillamente «el Cubo» y vosotros podéis llamarme así también. Es probable que ya nos conozcamos, teniendo en cuenta que he viajado por todo el mundo y que muchos millones de personas me han tocado y yo las he tocado a ellas a lo largo de las décadas. Pero si no eres una de ellas, por favor, no te preocupes (yo nunca lo hago, por cierto).

Seguramente me hayas visto en las manos de gente, o quizás te hayas topado con mi imagen alguna vez en algún sitio: en pantallas de televisión, camisetas, portadas de revistas; en películas, vídeos de YouTube, libros; como parte de tatuajes, esculturas, carátulas de discos; puede que en el colegio... y podría seguir y seguir. ¡Dicen que una de cada siete personas de este mundo ha jugado conmigo! Eso son más de mil millones. ¿Te lo imaginas?

Pero, aunque sin duda me has visto antes, debe ser extraño estar escuchándome, así que deja que me explique. Estás leyendo un libro de Rubik, la persona que me dio la vida en 1974. No hay nada convencional en este libro, especialmente el hombre que lo escribió (él cree lo contrario), y, mientras esto se iba desarrollando, quedó claro que tenía que incluirme. Quería ayudarlo a contar la historia, porque soy su testigo más genuino (él odia escribir y tiene una muy mala memoria). Y como cada rompecabezas tiene sus reglas, estas son las mías: no puedo pensar, pero sí expresarme. No soy capaz de leer ni de escribir, pero oigo mucho y nunca olvido nada. Soy muy simple | complejo. Soy colorista y feliz. Conocí a un joven húngaro hace mucho tiempo (ya no somos tan jóvenes ahora) y desde entonces hemos sido un equipo.

El trabajo en equipo ha sido mi vida. Si alguna vez has jugado conmigo, tú y yo formamos un equipo. Ahora que estás leyendo, somos otro equipo; tú, el lector, y Rubik y yo, los escritores. Un grupo de tres. Como un 3 x 3 x 3. Creo que el número tres es mágico. Tiene tantas simetrías perfectas.

Si todo esto te parece extraño, relájate y abre tu mente. Como dijo Albert Einstein: «La verdadera señal de la inteligencia no es el conocimiento, sino la imaginación».

¡Así que vamos a jugar!

El Cubo

I

¿Quién demonios soy?
Ah, ése es el gran rompecabezas.

Lewis Carroll

Supongo que muchos padres han pasado por la misma experiencia que yo: de repente hay un instante en que observan a sus hijos no desde el punto de vista de un progenitor, sino con asombro y un curioso desapego. En estos momentos reveladores y a veces hermosos que he tenido con mis hijos, los veo profundamente comprometidos en un mundo que no tiene nada que ver conmigo como si los acabara de conocer. Cuando eso sucede, y es algo jamás planeado y que no ocurre a menudo, me sobrecoge ver en ellos cualidades que nunca antes había apreciado. Un tono de voz, quizás, o una manera de pensar que es del todo impredecible, sorprendente, o puede que incluso la súbita revelación de un interés extraño o una curiosa afición que no había sospechado que tuviesen.

Ha sido así con mi hijo mayor: el Cubo. Hay idiomas que tienen géneros y en esas lenguas la palabra *cubo* es casi siempre masculina (*le cube*, en francés, o *der Würfel*, en alemán, por ejemplo), así que, cuando me refiero al Cubo, uso esa distinción. Es mi chico, mi hijo. Si sostienes una pelota, la sensación es totalmente distinta: es suave, flexible. Un cubo es un chico con bordes y músculos.

Incluso aunque ha definido mi vida durante casi medio siglo, aún me coge con la guardia baja y descubro en él alguna cualidad o carácter inesperados. A veces es tan simple como cuando juego con las rígidas piezas de plástico y me sorprendo una y otra vez por cómo se comportan. La interacción de fuerzas, el cohesivo vigor de los elementos, me recuerdan a una gota de agua flotando ingrávida sobre una mesa, contenida en una forma esférica por la tensión de la superficie. Me gustan las posibilidades que encierra el Cubo y adoro el placer visual de su forma. A menudo, la forma cúbica se asocia con un objeto sobre el que no tenemos control, como el dado. Pero no hay nada azaroso o fuera de control con el Cubo, siempre y cuando le entregues un poco de paciencia y de curiosidad.

Odio escribir. Y sin embargo aquí estoy, escribiendo este libro. Ya no hay vuelta atrás. Escribir es un ejercicio a la vez técnico e intelectual. Quizá ser zurdo le añadió algo de dificultad a tener que aprender a escribir en un mundo diestro, pero, si echo la vista atrás, fui afortunado porque tuve un profesor que no forzaba a los niños a ir contra sus inclinaciones naturales. No había ninguna presión más allá del estímulo de hacer lo que se me pedía. Mi pregunta más acuciante respecto a la escritura es abstracta: ¿es posible capturar con palabras todas las dimensiones de nuestras vidas?

Por no decir que tampoco soy un ávido lector. Pero cuando la escritura tiene que ver con una vida —específicamente con mi vida—, el proceso me resulta casi paralizante. Ésta no es la primera vez que me enfrento al reto de escribir sobre mis experiencias, mi tiempo con el Cubo y, de forma inevitable, sobre la historia de mi vida. De momento he cedido con facilidad a la tentación de no escribir en absoluto, pero también tengo la igualmente poderosa tentación de hacer algo bien, de intentar realizar algo que sea auténtico. Al final, decidí enfocar la tarea de escribir como si fuera un rompecabezas y consideré que el modelo debía ser el que mejor conozco: el Cubo, al que descubrí en 1974. Como objeto comparte muchas características con el tipo de escritura que más me gusta. Es simple y complejo; tiene movimiento y estabilidad. Por un lado está lo que vemos y, por otro, hay una estructura oculta.

Simple y complejo. Dinámico y estable. Oculto y expuesto. Creo que las contradicciones no son opuestos que deben ser resueltos, sino contrapuntos que hay que aceptar. En lugar de frustrarte por lo que parece una contradicción irreconciliable, lo mejor es darte cuenta de que una contradicción nos ayuda a hacer conexiones que quizá nunca habríamos considerado. No se pueden capturar por completo tres dimensiones en una página. No obstante, enmarcar los muchos temas de mi obra y mi vida en términos de contradicción añade dimensiones que me hacen más sencillo escribir.

No hace falta que diga que el Cubo ha despertado más interés del que yo nunca podría haber imaginado. Es un hecho curioso —y que me sorprende a mí tanto como a cualquiera— que durante tantas décadas, en un tiempo de una revolución tecnológica sin precedentes, haya sobrevivido la fascinación por un objeto tan simple, tan *low-tech*. Y, de hecho, esta fascinación ha evolucionado. El Cubo ha sido un juguete para niños, un deporte intensamente competitivo y un vehículo para exploraciones de alta tecnología, descubrimientos en inteligencia artificial y matemáticas desconcertantes. Al Cubo también se le ha culpado de divorcios (y matrimonios) y de lesiones conocidas como pulgar de cubista y muñeca de Rubik.

Toda esta atención ha venido acompañada de... interrogantes. Periodistas, fans del Cubo o gente que he ido conociendo por el mundo me han hecho a menudo las mismas preguntas, como si yo pudiera proporcionar fácilmente una respuesta que revelara todos los misterios de mi rompecabezas. Apenas han cambiado con los años, así que lo mejor será que nos ocupemos ya de ellas, ¿no?

P.: *¿Cómo inventó el Cubo?*

R.: *Me senté a pensar en un problema geométrico y en cómo ilustrarlo. Entonces hice algo que se convertiría en el Cubo.*

P.: *¿Cuánto tiempo le llevó?*

R.: *Empecé en la primavera de 1974 y solicité la patente el siguiente mes de enero.*

P.: *¿Cuál es su récord en resolverlo?*

R.: *No tengo ni idea. Nunca me he cronometrado.*

P.: *¿Cuáles son los trucos?*

R.: *No hay trucos. Ninguno.*

P.: *¿Por qué inventó el Cubo? [Esta es la pregunta que me resulta más irritante]*

R.: *Encontré un problema que se apoderó de mi imaginación y ya no me dejó escapar.*

Si estas son las preguntas que algún lector espera que se contesten en este libro, esas son las respuestas y, si quiere, puede dejar de leer aquí. A la vez, soy consciente de que plantear una auténtica pregunta es más difícil que responderla. Al fin y al cabo, las respuestas reveladoras o interesantes solo pueden darse como contestación a una buena pregunta.

¿Cuáles son, entonces, las preguntas que me gustaría que me hiciesen? Bueno, una que seguro que ya se te ha ocurrido es esta: después de todos estos años de «odiar escribir», ¿por qué decidí escribir un libro? Debo admitir que mis motivos fueron un poco egoístas. A pesar de sus defectos, escribir ofrece la oportunidad de explorar ciertas cuestiones y de obtener un conocimiento más profundo sobre ellas. Y aunque odie escribir, siempre estoy dispuesto a intentar comprender mejor, especialmente todo aquello que damos por supuesto. ¿Qué es lo que nos mueve? ¿Qué es lo que nos hace crear? ¿Qué es lo que lleva a la gente a hacer algo que nunca antes se había hecho?

Este es, además, mi intento de entender mejor la notable popularidad y el aguante del Cubo. ¿Dice algo acerca del modo en que funciona nuestra mente? ¿Sugiere acaso que hay ciertas cualidades universales que nos unen?

Muy pronto constaté la habilidad del Cubo para franquear diferencias infranqueables. En 1978, un año después de que hubiera aparecido por primera vez en jugueterías de Budapest, mi ciudad natal, llevé a mi hija recién nacida a un parque.

¡Y allí estaba mi Cubo! De hecho, había dos y eran dos personas muy distintas las que jugaban con ellos. La primera era un niño de unos ocho años. Estaba sentado en el suelo, muy contento y extremadamente sucio, y jugaba con el Cubo, retorciéndolo como un pequeño Oliver Twist. El segundo Cubo emergió del elegante bolso de una joven madre treintañera que parecía recién salida de la peluquería. Estaba sentada en un banco y, de tan inmersa como estaba en resolver el Cubo, solo lanzaba miradas al carrito de su bebé de vez en cuando. Era asombroso ver en las caras de estas personas tan opuestas la misma expresión.

Desde entonces he reconocido esa expresión en rostros de todo el mundo. Son caras de reposo pero también de atención y entrega. Concentradas, vueltas hacia dentro, sin contacto con lo que las rodea o con el mundo exterior. Parece que están meditando, solo que, en vez de estar perdidas en el interior de sí mismas, se hallan ocupadas y activas, suspendidas en un raro instante de coexistencia pacífica entre el orden y el caos.

Acabo de advertir que he dado algo por hecho: del mismo modo que yo odio escribir pero estoy escribiendo un libro, quizás a ti no te guste leer pero lo estás leyendo. Si es así, gracias por echarle un vistazo a este libro. No hace falta que te lo leas de una sentada o de la primera página a la última. Eres libre de explorarlo como quieras y mi deseo es que te permitas perderte un poco. En estas páginas, algunas de las piezas del puzle de mis pensamientos, intuiciones y observaciones pueden parecer desordenadas. Como el Cubo, su estructura interna está oculta y lo que suceda al final depende de ti. Porque cada lector es diferente y aporta sus propios intereses, talentos, sueños, profesiones, pasiones y contradicciones a este o a cualquier otro libro. No hay una única manera «correcta» de leer. Quizá no todas las piezas aquí contenidas encajen en espacios obvios y tampoco tienen por qué hacerlo.

Estas páginas tratarán de muchas cosas: creatividad, simetría, educación, arquitectura, preguntas, alegría, juegos, contradicciones, belleza. Pero en su núcleo este libro trata de rompecabezas. El rompecabezas que soy yo. El rompecabezas que es este extraño objeto que descubrí hace casi cincuenta años. El rompecabezas que somos todos.

Mi padre no era un hombre juguetón. Ernő Rubik sénior llegó a ser muy conocido en el campo de la aeronáutica, y no solo en Hungría. Estaba obsesionado con crear el planeador perfecto. Tenía varias patentes, diseñó más de treinta modelos de aeroplanos y planeadores y también un minicoche hecho de aluminio. Pero solo cuando fui adulto me di cuenta de que, cada vez que él desentrañaba cuáles eran la estructura, los materiales y los detalles de sus diseños, estaba resolviendo rompecabezas prácticos y complicados. Quizá me inspirara verlo trabajar en sus planes, o puede que yo solo fuera un niño curioso, pero desde pequeño en Budapest me sentí atraído por los rompecabezas y me pasaba horas sumergido en sus desafíos. Una de mis aficiones favoritas era diseñar estrategias para hallar soluciones nuevas y más eficientes.

Me gustaban diferentes puzles por distintas razones y por sus diversas posibilidades. Unos me gustaban por su flexibilidad y capacidad de cambio. Otros porque sus ideas estaban expresadas con mucha sencillez. Y algunos porque me ofrecían un marco para la improvisación. Me gustaban los difíciles más que los fáciles. Recuerdo la curiosidad, la concentración, los momentos de desorientación y frustración, la emoción cuando establecía conexiones cruciales y la sensación de éxito cuando llegaba a la solución.

El interés por los rompecabezas es casi universal. Han estado entre nosotros durante la mayor parte de la historia humana. Los antropólogos, al desenterrar piezas del pasado y unirlas, han descubierto puzles por todo el mundo. Es decir, que lo que yo encontré en 1974 emergió de un linaje de rompecabezas que había inspirado y desconcertado a sus jugadores desde la antigüedad.

Jugar con puzles entrenó mi mente de niño. Me familiaricé con la naturaleza de sus preguntas y con el hecho de responderlas. Nadie me asignó estos juegos, ni ponía nota a mi desempeño, ni observaba si los solucionaba o no. Si fracasaba o tenía problemas con alguno, podía empezar de nuevo al día siguiente. Este entretenimiento era solitario. Sin contrincante, el ganador siempre era yo, aunque entonces no pensaba en estos términos. Lo que más me atrapaba era que podía utilizar estos puzles como punto de partida para descubrir algo más.

Los rompecabezas sacan cualidades importantes de cada uno de nosotros: concentración, curiosidad, un sentido del juego, el afán por descubrir una solución. Estos son los atributos que forman la base de toda creatividad humana. Los rompecabezas no son solo una distracción o artefactos para matar el tiempo. Son para nosotros, igual que para nuestros ancestros, una ayuda que nos permite señalar el camino de nuestra potencial creatividad. *Si sientes curiosidad, encontrarás rompecabezas a tu alrededor. Si tienes determinación, los resolverás.*

Uno con el que jugué desde muy al principio era el Tangram, un puzle geométrico engañosamente simple que, en mi opinión, no es un puzle de verdad porque no tiene una misión bien definida. Originario de la antigua China, un Tangram es un cuadrado dividido en siete partes o *tans*: cinco triángulos de tamaños variados, un paralelogramo y un cuadrado. El reto es crear, a partir de estos elementos tan simples, una variedad de figuras únicas. A veces todo encaja dentro de un cuadrado y en otras ocasiones uno se puede sentir más veleidoso y creativo, pero lo normal es una composición accidental de elementos. No puedes establecer una teoría matemática para resolver un Tangram, o para decir por qué estas curvas parecen una persona, y estas otras, un tigre, y las de más allá, una flor. No se puede concebir un juego más sencillo y, sin embargo, se puede construir un sinfín de figuras interesantes a partir de sus piezas. El Tangram me cautivó porque era muy libre. En cierto sentido se parece al arte, ya que, dependiendo de cómo se ensamblen las piezas y de la actitud con la que se haga, los resultados pueden ser muy artísticos. Yo era uno de esos niños que pasan horas dibujando y pintando. Dibujar cualquier cosa mientras estaba en clase era una distracción estupenda cuando había asignaturas (o profesores) que me aburrían. Con el Tangram a veces dibujaba en las propias piezas para que, al juntarlas, el resultado fuese algo abstracto y hermoso.

Cuando tenía cinco o seis años me regalaron un puzle de quince piezas. Creo que la intención era tenerme ocupado durante las pocas horas que se tarda en ir en tren desde Budapest al lago Balatón. Con los años mi padre había construido allí una casita de campo y en ella pasábamos los veranos. El puzle consistía en una caja plana con quince casillas numeradas del 1 al 15 y encajadas en una cuadrícula de 4 x 4. Es decir, que siempre había un hueco que te permitía mover las piezas deslizándolas.

En general el desafío era ver cuántas posibilidades, permutaciones o combinaciones de elementos se te podían ocurrir. Otro reto era ver en cuántas maneras o permutaciones distintas podías organizar en la cuadrícula los elementos numerados del 1 al 15 sin tener que sacarlos y volver a empezar. Solo había que seguir la regla de mover las piezas hacia el cuadrado vacío. En ese sentido, era un sistema cerrado. Hoy puedes comprar versiones de este puzle hechas de plástico con lengüetas y ranuras que te permiten encajar las piezas, pero yo prefiero la que tenía entonces porque podía sacar las piezas de la caja, desordenarlas y volver a empezar. Me gustaba especialmente el sonido metálico que hacían al jugar con ellas.

Cuando los elementos eran insertados de manera aleatoria, necesitabas organizar las secuencias moviendo las piezas sin levantarlas. Como proceso, era muy sencillo. No era una cuestión de complejidad, sino de orden y de reglas. Si tienes secuencias de números que no se repiten, puedes organizarlos de menor a mayor, así que una ley muy simple mostraba lo que era posible y lo que no. Encontrabas la solución descubriendo que lo importante no eran las piezas tomadas de una en una, sino el movimiento del conjunto como un todo. Si mis padres esperaban que esto me mantuviese ocupado durante las pocas horas del viaje en tren, debí decepcionarlos porque me las arreglé para resolver el puzle muy rápido.

No hay duda de que aprendí de clásicos como el Tangram y el puzle de quince piezas, pero lo más importante para mí fueron los pentominós. Un *pentominó*, término inventado por el matemático estadounidense Solomon W. Golomb, es una forma consistente en cinco cuadrados unidos por sus lados. Hay doce maneras distintas de organizar cinco cuadrados. ¿Cuál es el objetivo? Principalmente, llenar rectángulos, que podrán ser distintos según su tamaño. Ya que un elemento consiste en cinco cuadrados, el área de los doce pentominós distintos es sesenta cuadrados (porque 60 = 3 x 4 x 5, así que puedes llenar los rectángulos de 3 x 2 o, 4 x 15, 5 x 12 o 6 x 10 con el conjunto de elementos obteniendo más de una solución para cada uno). O puedes crear otras cosas. Puedes llenar el cuadrado grande de 8 x 8 con cuatro pequeños cuadrados vacíos en el centro o en las esquinas, o con muchas otras figuras distintas, y todas ellas serán nuevos desafíos por resolver.

Llenar una superficie de elementos ofrece muchos retos y posibilidades. Los matemáticos lo llaman un *teselado*, es decir, una superficie cubierta con elementos que no se superponen. Un reto duradero que puede parecer irresoluble es el de llenar un rectángulo con cuadrados de diferentes tamaños. Crear un «cuadrado cuadrado simplemente perfecto» es un logro muy difícil.

Los pentominós fueron mi introducción a las matemáticas recreativas y a resolver interesantes problemas geométricos. La geometría es muy heurística, muy visual. De hecho, para mí explorar la parte visual del mundo ha sido, y sigue siendo, la más importante y formativa de las experiencias.

Los pentominós, además, ofrecen otras posibilidades: puedes hacer, por ejemplo, una versión tridimensional usando cubos, no cuadrados. Se llaman *pentacubos* y revelan cómo podemos usar los cubos como bloques de construcción para diseños o estructuras más complejos. Una de las opciones básicas sería elegir un elemento de los doce y doblar o triplicar su tamaño en comparación con el resto. Otra sería tratar de llenar una caja de 3 x 4 x 5 que los almacenase a todos.

Gracias a este temprano rompecabezas averigüé que los cubos que están conectados pueden disponerse de distintas formas y maneras. El poder visual de este puzle me pareció una hermosura.

No fui la primera persona, obviamente, en imaginar el rico potencial de la forma cúbica. Hay dos predecesores a los que admiro. El primero es el inventor del cubo Soma, un científico y poeta danés llamado Piet Hein. Tras convertirse en un héroe en la Segunda Guerra Mundial por su labor como miembro de la Resistencia, vivió una vida larga como escritor pero también como creador de puzles. Creo que el invento de Hein, como tantos otros rompecabezas, es una obra de arte, especialmente si consideramos que esbozó así su percepción del arte: «Solucionar problemas que no pueden formularse antes de haber sido resueltos: la forma de la pregunta es parte de la respuesta».

El cubo Soma está muy relacionado con las versiones tridimensionales de los pentominós. En este caso hay siete piezas, de las que seis están compuestas por cuatro cubos pequeños y una por tres. Pero todas tienen formas distintas. Algunas, por ejemplo, son rectangulares, mientras que otras tienen forma de L. Los cubos pequeños están unidos entre sí cara a cara y, con estas siete piezas, puedes formar un cubo de 3 x 3 x 3. El Soma tiene 1.105.920 soluciones.

El hecho de que la séptima pieza esté constituida por tres cubos pequeños —en vez de cuatro, como las demás— quiere decir, en mi opinión, que al juego le falta homogeneidad. Como puzle es una forma tridimensional que llena un espacio de 3 x 3 x 3, parece un cubo que puedes hacer por ti mismo. Sin embargo, no es un puzle abierto como el Tangram o los pentominós, ya que estos te permiten crear tus propios desafíos. El cubo Soma, en cambio, es un puzle clásico cuyo reto es averiguar cuál es el fin determinado de antemano por el creador del puzle. Es un desafío tridimensional.

Creé mi propia versión del Cubo mucho antes de imaginarlo al tratar de hacer un cubo de 3 x 3 x 3 usando solo elementos que contuvieran tres cubos pequeños iguales. Hice nueve elementos en los que el número de cubos pequeños era idéntico pero no así el modo en el que se combinaban. Usé todas las combinaciones posibles para unir los tres cubitos, haciendo que se tocasen entre sí por sus caras o sus bordes. Hay dos elementos que están unidos solo por sus caras, cinco que están unidos solo por sus bordes y dos con ambas conexiones. Hay, en suma, 880 soluciones distintas para este puzle (esta versión salió al mercado con el nombre de Ladrillos de Rubik en 1990).

El otro predecesor importante para mí fue el Cubo de Mac-Mahon. También está formado por cubos (muy parecidos a las piezas de colores de los juegos de construcción infantiles) en los que todas las caras están coloreadas de manera distinta y ninguna se repite, pero la disposición no es la misma y, además, hay treinta maneras diferentes de hacer un cubo con seis colores. No es tan conocido como los otros pero, aun así, presenta problemas matemáticos muy interesantes. Hay treinta cubos cuyas caras tienen seis colores en todas las permutaciones posibles. El ejercicio básico es elegir un cubo y usar otros ocho para hacer un cubo de 2 x 2 x 2 que tenga el mismo patrón de colores que el primero, con cada cara de un color y con las otras interiores coincidentes. El cubo de mayor tamaño que puede crearse manteniendo la misma regla es el de 3 x 3 x 3. Desde el punto de vista de la combinación, hay treinta posibilidades de organizar los colores en las seis caras del cubo.

Las similitudes con el Cubo son obvias, pero hay una diferencia muy importante: estos pequeños cubos están separados. Es decir, que sus elementos no se conectan físicamente. Debo repetir una vez más que estos son problemas de combinación, lo que significa que el desafío de estos rompecabezas es averiguar de cuántas maneras distintas puedes unirlos. La naturaleza del reto hace que necesites capacidad para reconocer patrones y también imaginación para detectar las piezas correctas y unirlas.

De un modo un poco extraño, a veces uno se convierte en el precursor de sus precursores.

Lo que quiero decir es que a veces interpretamos a un antecedente como si fuésemos la consecuencia de algo que sucedió más tarde. Es una práctica muy humana.

Hay un dicho muy gracioso que se atribuye a un compositor húngaro: «Schubert aprendió mucho de Schönberg».

Hoy en día, al ver un rompecabezas antiguo o alguna clase de problema geométrico que se parezca al Cubo, el pensamiento que te viene a la cabeza es: ¿por qué sus inventores no dieron el sencillo paso que los separaba de crear el Cubo de Rubik?

No hace mucho pensé en un rompecabezas nuevo, uno con veintisiete cubos pequeños que no estuvieran unidos entre sí. Elegí tres colores y traté de ver si podía crear un cubo monocolor de 3 x 3 x 3 con cualquiera de los colores. Comprobé que era más fácil hallar la solución que el sistema para colorearlos. La cuestión principal era ésta: ¿cómo colorear los veintisiete cubos de modo que pudiesen ser organizados de tres maneras distintas en las que desde fuera solo se viese un color y que, al mismo tiempo, las caras que se tocasen también fuesen del mismo color? Al final encontré la solución, no solo para el número tres, sino también para n.

Orson Welles apareció una vez en un programa de radio y dijo: «Buenas noches, damas y caballeros, me llamo Orson Welles. Soy actor. Soy guionista. Soy productor. Soy director. Soy mago. Me pueden ver en los escenarios y oír en la radio. ¿Por qué yo soy tantos yos y ustedes tan pocos?». Adoro la manera en que lo expresó porque entiendo perfectamente lo que quiso decir. Yo soy tantos yos porque soy todas las identidades que llevo conmigo. Todas las definiciones son restrictivas, como diferentes celdas de una prisión. Todo el mundo interpreta muchos papeles distintos según la situación; al igual que los actores, nos convertimos en los personajes que nos asignan. Por eso es tan difícil determinar cuál es el definitivo.

Alguna vez he ido a la televisión y me han pedido que me presentara a mí mismo. Para mí, esto implica tácitamente que debes responder a la pregunta: ¿quién eres? Mi respuesta no es muy satisfactoria: «Soy Ernő Rubik», digo, antes de añadir: «Y creé el Cubo».

Es una declaración muy simple, pero no contesta a la pregunta de verdad.

¿Quién soy? Hay tantas posibilidades: inventor, profesor, arquitecto, diseñador, escultor, conferenciante, editor, marido, padre, abuelo, empresario, representante, escritor (¿por qué no?), etcétera. ¿Cómo elegir? Podría decir que soy todas estas cosas, todas a la vez, todo el tiempo, pero con un énfasis distinto según la situación, la finalidad o la actividad.

La lista de quién no soy es mucho más larga.

En realidad no soy el protagonista de este libro. No soy un profesional de ningún campo. No soy realmente escritor. No soy empresario. No soy joven, pero no me siento viejo. No soy carpintero, pero puedo hacer muebles. No soy marinero, pero puedo pilotar un barco. No soy jardinero, pero me encanta la jardinería. Podría seguir y seguir. Soy un amateur en todo, incluso en lo de ser inventor. Nadie me enseñó a aprender, y desde luego no mis profesores.

Cuando pienso en qué aspecto conecta mis muchas identidades, siempre llego a la conclusión de que soy un hombre juguetón o, más bien, alguien a quien le gusta jugar: lo que el filósofo holandés Johan Huizinga llamó *Homo ludens*.

Los niños son maestros del juego. A menudo se dice que es su tarea más importante y una parte básica de su aprendizaje. Crean reglas para jugar solos y son muy estrictos con su cumplimiento («Tú eres el médico, yo soy el paciente»). Cuando juegan a algo de su propia invención suelen tener pautas extremadamente sofisticadas que solo un profesional de ese juego podría entender y seguir. Y a medida que crecen, más estrictas se vuelven las reglas, lo que de forma paradójica es señal de una libertad imaginativa cada vez mayor.

Pero, con el tiempo, hay un punto de inflexión cuando a las expresiones de la imaginación las reemplazan los juegos impuestos desde el exterior, con reglas que comprendemos. Para cuando somos adultos, el instinto para el juego espontáneo parece haber desaparecido y lo que ansiamos son reglas que limiten y definan nuestras acciones.

La manera de jugar de los niños, emocionante e imaginativa, va siendo gradualmente reemplazada por el tipo de juego, mucho más estructurado y convencional, de los juegos de mesa y los deportes de equipo, donde hay ganadores y perdedores claros. La competición, que añade disciplina y la motivación de adquirir más pericia, hace que cada actuación individual sea juzgada y clasificada en una jerarquía de excelencia. Por desgracia, el espíritu competitivo sustituye al imaginativo (no es que haya nada malo en competir, de hecho, mi mujer se queja a menudo de lo competitivo que soy cuando juego al Scrabble).

En el colegio hubo un breve periodo en el que jugué al ajedrez. Conocí a algunos compañeros que eran auténticos fanáticos y jugaba contra ellos durante las clases y los descansos. Muchas veces a ciegas, es decir, sin tablero. Con el tiempo, sin embargo, esta pasión por el ajedrez se transformó en pasión por resolver problemas de ajedrez, algo que se adaptaba mejor a mi temperamento. Me encantaba el ajedrez, pero me gustaban más los rompecabezas que podía originar, creados por mí o por otros, que el propio juego. Creaba mediante el tablero nuevos rompecabezas o resolvía otros ya existentes. Un acertijo que me gustaba especialmente era el llamado *problema del caballo*, que consiste en recorrer con el caballo todas las casillas del tablero hasta volver a la casilla de salida sin haber repetido ninguna.

Igual que sucedía con mis rompecabezas favoritos, podía jugar a este problema de ajedrez durante horas. Me gustaba dibujar el recorrido y ver cómo emergían los patrones a medida que movía el caballo en L hasta llegar finalmente al punto de partida. Estos aparecían con simetría y con la abundancia de las simetrías, como copos de nieve. Este interés se mantuvo durante bastante tiempo. De hecho, solía resolver los problemas de ajedrez de los periódicos húngaros y la primera vez que vi mi nombre impreso fue en la lista de acertantes.

Los adultos pensamos con demasiada frecuencia que jugar es solo una diversión o una forma cualquiera de competición al margen del trabajo. Pero jugar es una de las cosas más serias del mundo. A menudo, hacemos algo realmente bien solo cuando lo jugamos. Nos relajamos y la tarea deja de ser una carga o una prueba y se convierte en una oportunidad para la expresión libre. Nos involucramos sin pensar demasiado y sin sentir ansiedad por si lo estaremos haciendo bien o no.

Incluso nuestras expresiones sugieren esta posibilidad. Cuando queremos manifestar que una persona es capaz de resolver un problema fácilmente y sin esfuerzo, decimos: «Es un juego de niños». Si calificamos a alguien de *juguetón*, hay implícita un aura de felicidad en esta persona, como si fuera capaz de ver la parte más positiva y bella del mundo. Los humanos somos una especie con suerte porque tenemos el lujo de jugar. Hay otros animales a los que también les gusta, pero estoy seguro de que en cada uno de nosotros reside un *Homo ludens* y también creo que, si esa parte lúdica de nuestro interior está accidentalmente dormida, tarde o temprano despertará. Sea en el momento de la vida que sea, todo el mundo juega: el pintor con sus colores, el poeta con palabras y el resto de nosotros en el teatro de la vida.

Y, por supuesto, hay gente a la que le gusta jugar con el Cubo.

Un niño empieza a hacer preguntas más o menos a los tres años y casi siempre empiezan con un «¿Por qué?». ¿Por qué las manzanas son rojas y el cielo es azul? ¿Por qué no podemos volar? ¿Por qué morimos? A los niños no hace falta que les recuerden esta enseñanza de Confucio porque la viven de modo natural: «Quien pregunta es tonto durante un minuto, pero quien no pregunta es tonto de por vida». Crecemos, aprendemos a responder preguntas y, sin embargo, mientras tanto, casi sin darnos cuenta, *perdemos la habilidad de hacer preguntas*. Entonces, a medida que maduramos y nuestra curiosidad se diversifica, nuestro mundo se define más por el cómo. En cierto modo, es mucho más fácil encontrar la respuesta a un cómo que a un por qué, quizá porque el cómo casi siempre contiene su propia solución mientras que el por qué no.

Las preguntas nos definen como especie y también como individuos. Qué y dónde son interrogantes que compartimos con la mayoría del reino animal. Seas presa o depredador, estas son preguntas de vida o muerte. Pero solo los simios, nuestros parientes más cercanos, y otras pocas especies además de la nuestra son capaces de explorar el cómo, algo que permite crear herramientas con las que solucionar problemas insuperables de otro modo.

Nuestra curiosidad cotidiana está arraigada en preguntas como ese ¿cómo? o ¿y si...? Con este espíritu podemos revisar verdades establecidas desde antiguo y preguntarnos sobre cualquier cosa que se dé por supuesta. La definición de átomo que dio el filósofo griego Demócrito estuvo vigente durante dos milenios y medio, pero entonces alguien se preguntó: ¿Y si los átomos no fuesen las partículas más pequeñas? ¿Y si pudiesen ser divididos? ¿Qué pasaría entonces?

Del mismo modo, siempre se había pensado que los sólidos mantenían su forma y se rompían si los doblabas. Pero ¿cómo crear un objeto que fuese un sólido platónico normal y que, sin embargo, pudiese ser doblado y retorcido sin descomponerse?

El ¿cómo? es la pregunta que ha definido la mayor parte de mi vida adulta y, en cierto modo, la sigue definiendo.

¿Cómo escribir un libro que no parezca un libro?, por ejemplo. O aún mejor: ¿cómo escribir un libro sin escribirlo?

Y finalmente tenemos el ¿por qué?, una pregunta ante la cual los humanos estamos solos (o eso pensamos hoy en día). ¿Por qué? es siempre una abstracción, una teoría que necesita ser puesta a prueba. Podemos preguntar el porqué de las intenciones de otras personas. Podemos preguntar el porqué de leyes de la naturaleza todavía por descubrir. Incluso introspectivamente, intentando entender nuestras propias acciones y deseos («¿Por qué molestarse en escribir un libro?» podría ser una, pero es difícil de contestar).

Cuanto más viejo me hago, más tiempo paso con el eterno ¿por qué? de la existencia y la muerte.

Me he dado cuenta de que un conocimiento muy avanzado pesa. Y tanto que incluso puede ser un freno al proceso creativo. Cuanto más sabes, más difícil es seguir siendo curioso. Todos hemos pasado por la experiencia de estar en una situación en la que un supuesto experto se encuentra con un inteligente neófito. Lo fácil es apreciar lo que dice el experto, alguien lleno de confianza y conocimiento, y pasar por alto las preguntas inesperadamente perspicaces del no experto. Sin embargo, las preguntas del aficionado suelen ser originales y pueden convertirse en un catalizador de soluciones nuevas e imaginativas. En casi cualquier aspecto de nuestra vida, la tarea más importante y difícil es ser capaz de encontrar las preguntas correctas.

Hay dos maneras de lograr un cambio: o encuentras una respuesta nueva para una pregunta antigua o encuentras una pregunta nueva que nunca antes ha sido formulada. Es complicado decir cuál de estas dos cosas es más difícil, pero está claro que el arte de hacer preguntas es una de las habilidades más importantes de nuestras vidas. Pese a ello, no nos la enseñan en la escuela.

Recuerdo haber leído una novela de Douglas Adams, *Dirk Gently, agencia de investigaciones holísticas*, en la que Dirk dice: «¿No entiendes que debemos ser infantiles para poder comprender? Solo un niño ve cosas con perfecta claridad porque no ha desarrollado todos esos filtros que nos impiden ver cosas que no esperamos ver». No se me podría haber ocurrido una manera mejor de expresar algo que he creído toda mi vida. Todos necesitamos ser más infantiles para poder comprender más. A medida que crecemos, los filtros acaban pareciéndose a esas enredaderas y hiedras que cubren la fachada de bonitos edificios antiguos. Limpiar esa maleza es un desafío muy especial.

Aprender no es una mera cuestión de acumular conocimiento; es un proceso completamente distinto. En cierta manera, el conocimiento consiste en parte en datos, mientras que aprender es una habilidad que adquieres después de practicar una y otra vez. Pronto llegas a un punto en el que eres capaz de hacer lo que sea de un modo más rápido y competente. Cuando aprendes algo, reúnes a la vez los datos y la habilidad necesaria para dominarlos, y el producto final de eso es conocimiento. Pero el conocimiento es algo más profundo que no solo tiene que ver con los datos, sino también con sus relaciones, con las conexiones entre ellos. Es muy importante saber cómo debemos manejar cualquier clase de conocimiento que acumulamos a través del aprendizaje. De hecho, es otra capa añadida al proceso de aprendizaje. En cierto modo, es como buscar algo en internet: podemos estar conectados, pero encontrar lo que estás buscando requiere de la habilidad de separar la información útil de la basura. El conocimiento es lo que nos permite alcanzar nuestros objetivos a través de una serie de éxitos y fracasos. Si tenemos suerte, recordaremos tanto unos como otros.

Aprender es un proceso que se lleva a cabo durante toda la vida, pero es más intenso cuando somos niños. ¡Qué maravilloso sería si nuestras maneras de enseñar se adecuasen más a nuestra mejor forma de aprender, que, una vez más, es jugar! Hay una vieja viñeta que muestra a un grupo de alumnos sentados en clase con un profesor vertiendo conocimiento en sus cabezas, una descripción perfecta de un proceso que no es ni enseñar ni aprender.

Huizinga observó que la historia de la palabra *escuela* empezó con los griegos y que al principio designaba un espacio para el ocio y el tiempo libre, pero «ha adquirido precisamente el sentido contrario, de trabajo y entrenamiento sistemáticos, ya que la civilización ha ido restringiendo más y más la libre disposición del tiempo del joven, y desde la infancia los amontona en clases cada vez mayores y los empuja a una vida diaria de labores severas». Esa fue, desde luego, mi experiencia.

Con frecuencia pienso que si hubiese tenido otro tipo de educación hoy sería una persona más capaz de lo que soy. ¿Qué quiero decir con «más»? ¿Estoy tratando de cuantificar lo que no es cuantificable? No hablo aquí de la medida convencional del éxito. Lo que quiero decir es que sabría más, que la amplitud de mi conocimiento sería mayor. Quizá sería capaz de comunicarme de diferentes modos. O quizá no odiaría escribir porque me habrían animado a hacerlo sobre muchos temas distintos y de muchas formas diferentes.

Mi escuela no fue capaz de captar mi atención. Pero me proporcionó una gran cantidad de tiempo para dibujar durante las clases y considero muy valiosa esa autoeducación. No obstante, en general me aburría. Retenía lo que me resultaba interesante y olvidaba el resto. En la Hungría de entonces los estudiantes estábamos obligados a ir al colegio seis días a la semana, entre ocho y diez horas cada día. Durante mi último año de educación primaria convencí tantas veces a mi indulgente madre de que necesitaba quedarme en casa que no cumplí el número requerido de horas de escuela. Eso significó que para pasar de curso tuve que hacer una serie de exámenes adicionales.

Fue la única vez que saqué unas notas perfectas.

¿Cómo podemos fomentar que los niños combinen la autoeducación con una educación formal? Cuando terminamos el colegio, lo típico es no saber quién eres. Ignoramos qué sabemos, qué nos interesa o de qué somos capaces. Y tampoco salimos de la escuela con una comprensión real de lo colorido y variado que es el mundo. Quizás una verdadera educación debería incluir el poner un espejo delante de los niños para que puedan verse a sí mismos de verdad.

El astrónomo Carl Sagan dijo que comprender es «una especie de éxtasis». Y creo que cualquiera que haya pasado por la experiencia de comprender por fin algo que parecía muy difícil puede identificarse con esa descripción. Crear una realidad a partir de datos en apariencia desconectados, ver las consecuencias y llegar a la comprensión, solucionar un problema: estos son otros ejemplos de lo que llamo *conocimiento*.

A menudo la capacidad de solucionar problemas no tiene nada que ver con la manera en que medimos convencionalmente la inteligencia, como he podido observar varias veces con aquellos que son expertos en resolver el Cubo. Siempre he odiado la idea de cuantificar la inteligencia con algo como un test de cociente intelectual y simpatizo con quienes creen que ese test solo mide la capacidad de hacer bien ese test. Así ni siquiera se empiezan a examinar algunos de los misterios de la inteligencia real, que es, en lo fundamental, la capacidad de hacer conexiones.

¿Cómo puede medirse la inteligencia mediante un test estandarizado? Obviamente, de ninguna manera. Es la imaginación lo que lleva a la solución creativa de los problemas. Aún conservo un recorte de prensa de cuando hubo una locura colectiva con el Cubo, a principios de los ochenta. Es una carta que apareció en el *Daily Express* de Londres en la que una madre hablaba de cómo su hija, de catorce años de edad y con discapacidades graves, había aprendido a solucionar el Cubo: «En toda su vida, es lo primero que ha sido capaz de hacer que la mayoría de niños normales no pueden».

Nunca lo he olvidado porque ilustra maravillosamente lo que quizá jamás lograremos entender sobre cómo la inteligencia se expresa de maneras inesperadas. Aunque no ofrezcan respuestas definitivas, estas son pistas intrigantes en el camino hacia desentrañar los misterios de la mente.

El tantas veces dudoso cálculo del CI continúa teniendo un atractivo único como medida sólida de la inteligencia, pero a menudo nos olvidamos de un aspecto crucial del intelecto humano: las emociones. En este sentido podríamos apuntarnos a la corriente dominante actual y hablar sobre el CE, el cociente emocional, es decir, la capacidad de entender el comportamiento humano, de sentir, de descifrar los signos de la gente que tienes a tu alrededor. No se trataría solo de descodificar el significado de las palabras que alguien pronuncia o de entender los conceptos de un enfoque racional, sino de un talento analítico mucho más complejo y lleno de matices. No basta con decirle a alguien por qué es importante que haga algo: necesitas ser capaz de despertar en ellos alguna clase de resonancia emocional.

Un objeto (su forma, su sustancia, su estructura) siempre tiene un contenido emocional. Cuando tocas algo, su carácter táctil transmite emociones. Te dice, por ejemplo, si está hecho (o no) de hierro, de madera o de papel. Te dice si es afilado o cortante, o inspira en ti un sentimiento amistoso y familiar, por no hablar de que quizá te transmita calidez, te resulte acogedor o desprenda una atmósfera muy concreta. Por supuesto, el Cubo tiene un lado intelectual, pero su atractivo emocional es fundamental.

Tener éxito en la escuela no siempre se corresponde con tenerlo en la vida. Todos hemos conocido a gente brillante a la que no le fue bien en el colegio. Me refiero a personas como Einstein, quien, según la leyenda, fue un mal estudiante que no quería ir a la escuela. Sin embargo, lo que realmente odiaba no era ir al colegio, sino el tipo de enseñanza podrida en la que insistían sus profesores. Hay quien posee el impulso necesario para ser un alumno sobresaliente, pero luego, cuando se gradúa, no tiene ni idea de cómo triunfar en el mundo real. Sí, las pruebas de acceso a la educación superior pueden ser en extremo exigentes, pero ¿quién es realmente capaz de juzgar a una persona de dieciocho años y evaluar de qué será capaz cuando sea adulta? En realidad, lo único que podemos medir es cuánto esfuerzo le lleva a un niño desarrollar sus capacidades.

Un buen profesor es querido y, a veces, temido y respetado por sus estudiantes. Esa relación emocional, en sí misma, ya es un aprendizaje. Un profesor preparado pero aburrido en realidad no puede transmitir conocimiento. Necesitamos el plano emocional, esas ondas físicas que vienen y van entre quienes enseñan y quienes aprenden. Antes que nada, esta es una conducta que aprendemos en el colegio.

Y eso nos lleva de vuelta a la cuestión de la resolución de problemas. Para mí, la capacidad de solucionar problemas —de manera creativa, confiada y eficaz— es el único signo importante de verdadera inteligencia. El modo en que nos relacionamos con esos problemas es algo crucial. Pueden ser tratados como una fuente de infelicidad que debe afrontarse como sea o podemos optar por la actitud descrita por el filósofo Karl Popper en *Realismo y el objetivo de la ciencia*:

> Solo un camino lleva a la ciencia o a la filosofía: encontrarte con un problema, ver su belleza, enamorarte de él, casarte con él y vivir felizmente con él hasta que la muerte os separe... a menos que conozcas a otro problema aún más fascinante o, por supuesto, a menos que encuentres una solución. Pero incluso aunque ocurra esto, puede que termines descubriendo, para tu deleite, que ese problema ha parido a toda una familia de problemas encantadores y quizá difíciles cuyo bienestar depende de que trabajes, con un propósito, hasta el final de tus días.

Cuando leí esto sentí que expresaba algo que siempre había sabido.

En el pasado, tanto nuestra educación formal como la informal eran las puertas de entrada a la profesión que desempeñaríamos durante toda la vida. Todo eso ha cambiado. Con frecuencia el desenlace es una cuestión de suerte, de lo que hayas logrado averiguar con el tiempo o de qué profesores se interesaron por ti. Otras veces, sin embargo, es como si fuese un tema el que nos encuentra a nosotros cuando nos hacemos un poco mayores. Podemos deambular, rodeados de personas que parecen flechas dirigidas hacia un objetivo claro mientras que nosotros no tenemos rumbo y perseguimos muchos intereses sin convertir ninguno en una pasión, hasta que algo sucede: conocemos a alguien que nos inspira o estudiamos algo que llama nuestra atención inesperadamente. Y entonces descubrimos que estamos enganchados.

Cuando observo a mis nietos, me doy cuenta de que tienen muchas más opciones de las que yo poseía cuando iba a la escuela. Sus padres, por ejemplo, eligieron su colegio de entre muchos tipos distintos. Pudieron decidir si preferían una escuela con un método único para todos los niños o una con aprendizaje personalizado, si digital o manual, si una con exámenes estándares u otra en la que crear inventos y productos fuese la medida del aprendizaje. Si un aprendizaje basado en el juego o uno basado en la teoría.

Puedes imaginarte cuáles son las que prefiero.

2

La imaginación es el comienzo de la creación.
Imaginas lo que deseas, deseas lo que imaginas
y, al fin, creas lo que deseas.

George Bernard Shaw

Veo en mis padres algunas de mis características y cualidades, pero en versiones distintas. Tengo el cuerpo y los ojos azules de mi padre, por ejemplo, pero la capacidad para la alegría de mi madre. Creo que esta capacidad es algo con lo que se nace, una cuestión más de carácter que de circunstancias. Una persona puede ser infeliz en la prosperidad y otra feliz en la privación, del mismo modo que unos pueden estar insatisfechos a pesar de ser exitosos mientras que otros no pierden la esperanza incluso después de sufrir una serie de desastres. Mi madre era una de esas personas con un raro talento para el optimismo.

Se mire como se mire, su vida fue difícil. Hubo guerra, muertes prematuras de seres queridos, dolor físico y emocional, preocupaciones económicas y obstáculos aparentemente insalvables que le impidieron convertirse en lo que quería ser. Poeta, quizás, o doctora. Sin embargo, nunca he conocido a nadie más capaz de alegrarse con la cosa más nimia, fuese un pastel delicioso, un buen chiste o un cielo soleado. Tenía el don de transformar fácilmente las lágrimas en sonrisas y carcajadas.

Tuvo una infancia cómoda en Esztergom, una ciudad de provincias. Hablaba alemán y francés con fluidez y, como la talentosa pianista amateur que era, amaba la música. Su sueño era estudiar Medicina, pero no resultaba fácil en aquel tiempo, sobre todo para una mujer joven. Era pequeña y tenía la cara delicada, la piel fina y tendencia a engordar. Su rasgo más destacado eran unos ojos marrones que parecían proyectados con luces verdes. Era impulsiva, tanto que a veces volvía a entrar en una habitación justo después de haber salido solo porque había recordado algo que quería decir. Otras veces, a mitad de camino hacia algún sitio, se daba la vuelta porque había decidido que prefería quedarse donde estaba. En cierto modo tenía demasiados talentos e intereses, incluidos los literarios. Siendo joven, de hecho, publicó unos cuantos libros de poesía (a diferencia de su hijo, ella no odiaba escribir).

Todo el mundo se conocía en Esztergom, especialmente los vecinos de la misma edad o clase social. Cuando mis padres se conocieron, mi padre acababa de mudarse allí y era joven, guapo y estaba lleno de energía y de grandes promesas. Mi madre era una hermosa joven cuyo breve primer matrimonio había terminado en divorcio. Después de esta experiencia se había vuelto muy sensata, pero también era jovial y mundana. Quizá su atracción era inevitable, pero, si los hubieses conocido tras la guerra, después de que mi hermana mayor y yo naciésemos y de que su matrimonio dejase de ser feliz y acabase en divorcio, te resultaría difícil imaginar cómo había sido posible que hubieran estado juntos tiempo atrás.

Nací a las dos de la tarde del 13 de julio de 1944, un poco más de un mes después del Día D, la fecha que marcó el principio del fin del régimen nazi y de la Segunda Guerra Mundial. Hasta ese momento, como aliada de Alemania, Hungría solo había experimentado la guerra desde la distancia, excepto por los soldados y, por supuesto, por los judíos forzados a enrolarse en batallones de trabajo ya desde principios de los años cuarenta. Pero para cuando nací, la lucha entre las potencias del Eje y los aliados ya había llegado en serio a Hungría. Los alemanes entraron en el país el 19 de marzo de 1944 y cuatro meses después empezaron los bombardeos aéreos sobre Budapest.

Mis padres vivían en ciudades distintas. Mi madre, que cuidaba de mi hermana mientras estaba embarazada de mí, ya no tenía familia: había perdido a sus padres y a su único hermano durante la guerra. Cuando se puso de parto, se las arregló para que alguien se ocupase de mi hermana y se fue al hospital, en realidad un sótano que hacía las veces de refugio antiaéreo. Me dijo que yo había sido uno de los pocos bebés que había logrado sobrevivir de entre todos los que habían venido al mundo en Budapest durante esa época horrible, primera señal de que había nacido con estrella.

En bastantes aspectos, mi padre, Ernő Rubik sénior, era lo opuesto a mi madre. Nunca pareció estar satisfecho pese a haber conseguido muchos logros en su vida. Mi madre tenía una personalidad muy abierta, pero mi padre era muy cerrado. Para cuando alcanzaba lo que se había propuesto, su trabajo de repente le parecía inadecuado. Siempre quería que fuese mejor. Aplicaba esta visión incluso para las más pequeñas cosas: afilaba una navaja hasta que cortara como una cuchilla de afeitar o limpiaba la terraza hasta que se podía comer en el suelo. Tenía una capacidad de trabajo fuera de lo común.

Mi padre nació en Piešťany, un pequeño pueblo de la actual Eslovaquia. Fue capaz de llegar lejos pese a haber crecido en circunstancias difíciles. Su padre fue declarado desaparecido en la Primera Guerra Mundial y su madre tuvo que trabajar muy duro para criar sola a tres hijos. Las becas hicieron posible que mi padre completara sus estudios tanto en la educación primaria como en la Universidad de Tecnología y Economía de Budapest. Justo después de terminar la carrera, conoció a otros dos jóvenes. Uno era carpintero y el otro tenía conocimientos financieros y sabía llevar la contabilidad. Mi padre, un ingeniero muy dotado, les propuso que se unieran.

Solicitaron un préstamo para montar una pequeña fábrica organizada en torno a la maestría de mi padre en el diseño de planeadores. En aquella época estos se usaban tanto para el deporte como para entrenar pilotos, y mi padre tenía un gran talento para refinar diseños de modos muy distintos y muy vendibles. El pequeño negocio tuvo tanto éxito que poco antes de que estallara la guerra ya habían devuelto el préstamo.

Y entonces todo desapareció.

Tras la guerra la fábrica fue nacionalizada y mi padre se quedó en ella como empleado. Este arreglo era muy poco común. En aquellos días las propiedades privadas, las casas, los apartamentos, las tierras y las fábricas habían sido expropiadas por el nuevo Gobierno comunista, pero los logros profesionales de mi padre lo hacían indispensable, así que lo nombraron ingeniero jefe de la fábrica que él mismo había fundado. Sin embargo, además del ingeniero era el diseñador, el comercial y hasta el que ponía los nombres a los productos, aparte de pilotarlos. Esto no era normal. En aquellos días, los expropietarios de fábricas que no habían huido al extranjero estaban en la cárcel o habían sido degradados a realizar trabajos menores.

Hay muchas preguntas que me gustaría haberle hecho sobre su trabajo y su vida, pero no era un hombre que contara historias. No le resultaba agradable recordar el pasado. Al margen, durante sus ocho décadas de vida nunca le pregunté. Éramos tan independientes que, excepto nuestra propia naturaleza, compartíamos muy poco.

A principios de los sesenta creó su planeador más famoso, el R-26 Gobé. Esta aeronave se convirtió en el planeador de entrenamiento básico de Hungría y fue exportado a Cuba, Austria y el Reino Unido. Recibió galardones de organizaciones de aeronáutica e incluso el Premio Kossuth, la mayor condecoración que otorgaba por entonces el Gobierno húngaro. Sus planeadores, hechos de aluminio y, por tanto, muy ligeros y rápidos, hicieron que su nombre fuese conocido entre toda la gente conectada con el mundo de la aviación y los deportes aéreos, que eran muy populares en Hungría. Cuando murió, le dieron su nombre a una calle y al aeropuerto de Esztergom. A veces, incluso después de su muerte en 1997, cuando paseo a mis perros por un parque de Hidegkút, un barrio de Budapest cercano a un pequeño aeropuerto, aún veo sus planeadores volando en el cielo.

Tengo un recuerdo muy sólido de las manos de mi padre. Eran las manos de un trabajador. Fuertes, grandes, con las uñas muy cortas. Parecían incongruentes cuando sostenían un lápiz, como si pudiesen partirlo en dos sin querer. No dejó de trabajar ni cuando se jubiló oficialmente. Incluso entonces estaba rodeado de planos y diseños para crear aviones pequeños más baratos y más seguros que los anteriores. Me gustaría decir que me enseñó a volar, pero nunca lo hizo. Mi madre no lo habría permitido.

En sus primeros años mis padres debieron ser, al menos, un perfecto ejemplo de esa perogrullada que dice que los polos opuestos se atraen. Mi madre era una maravillosa conversadora y tenía una voz tonante y perpetuamente juvenil. Además, sabía cómo usarla. Cuando estaba con familiares, amigos o incluso extraños, era capaz de lanzarse a hablar en casi cualquier situación con un enorme entusiasmo, aprovechando al máximo la conversación y no dejando que languideciera. Adoraba la riqueza y flexibilidad del idioma húngaro. Y para mí fue toda una bendición aprender mi lengua materna de alguien con un entendimiento tan sofisticado de sus matices y posibilidades.

La respuesta de mi padre al parloteo de mi madre era, casi siempre, el silencio. A veces contestaba con monosílabos, pero solo cuando era absolutamente necesario. Su lenguaje era práctico, económico, conciso, orientado a lo específico, el propio de un taller o una fábrica. Con mi padre no se podía ni fantasear ni rumiar. Restringía sus observaciones a hechos concretos y a realidades. Los planes se llevaban a cabo mediante trabajo duro, no mediante debates inútiles. Lo mejor que se podía hacer con las emociones era no expresarlas.

Si aprendí de mi madre a apreciar la conversación, de mi padre aprendí el arte del silencio. No como un acto pasivo, sino como la comprensión de que es importante resistirse a la necesidad de llenar un espacio con conversaciones solo para evitar el silencio. Como un artista que experimenta con el espacio negativo en sus cuadros, he aprendido que la paz y la tranquilidad te permiten lograr muchas cosas.

En cierto sentido, también comparto con mi padre su afán de perfeccionismo. Comprobar que mis esfuerzos no son suficientes para conseguir un objetivo solo hace que tenga más ganas de continuar, pero, a diferencia de mi padre y su eterna insatisfacción, yo soy capaz, al menos en privado, de saborear en cierto modo mis logros. O quizá solo soy más selectivo con lo que hago. Su último proyecto fue diseñar un avión ultraligero que usara solo energía humana para volar. Empezó muy tarde ya en su vida y nunca lo terminó. Puede que mis objetivos sean más terrenales y alcanzables que su deseo de crear la máquina voladora más perfecta que hubiera existido.

Me encanta dibujar y pintar desde que era pequeño. Me gustaba usar papel, lápices, ceras de colores, acuarelas y óleos para intentar capturar lo que veía en el mundo que me rodeaba. Plasmarlo en un papel y contemplar el resultado era algo que disfrutaba mucho. En el instituto tomé clases de Arte y me centré en la escultura, pero no lo hice porque el arte fuese parte de mi tradición familiar —aunque más tarde descubriera que uno de mis abuelos era artista—, sino porque entonces me pareció que esa era la prolongación natural de la escuela.

Aquellos cuatro años fueron suficientes para convencerme de que yo no era un artista «de verdad». Me sentía un poco fuera de lugar entre mis compañeros, tan rebeldes y bohemios, y percibía una inquietud que la escultura no satisfacía del todo. Quería combinar mis intereses artísticos con algo más práctico.

Después de la graduación la mayoría de mis compañeros de clase fueron a la Academia de Bellas Artes, pero, si yo estaba seguro de algo, era de que eso no era lo mío, así que me matriculé en la Universidad de Tecnología de Budapest para estudiar Arquitectura. No estoy seguro de por qué lo hice. Probablemente tuvo algo que ver el hecho de que mi padre fuera ingeniero aeronáutico o quizá también influyó mi natural inclinación por la geometría. Disfruté de estudiar Arquitectura, una carrera que con frecuencia te obligaba como estudiante a trabajar hasta bien entrada la noche en proyectos bastante exigentes, pero cuando terminé la universidad me sentí con una completa falta de preparación para trabajar como arquitecto. Ante la duda no hay nada malo en estudiar un poco más, así que solicité entrar en la Facultad de Artes Aplicadas de Hungría, un centro con un estatus especial entre la Universidad y la Escuela de Arte, y me admitieron.

Era pequeña y tenía solo unos pocos cientos de estudiantes, por lo que alumnos y profesores se conocían bien. Trabajábamos muy juntos unos con otros, no tanto en clases como en talleres. Los de textil, cerámica y metal estaban siempre abiertos para nosotros. Allí encontré mi profesión, mi lugar. Y, naturalmente, cuando uno encuentra su sitio, rinde bien. Fue en esta época cuando mi aprendizaje se convirtió en enseñanza. Me ofrecieron ser profesor asociado incluso antes de terminar la carrera.

Y así, casi sin darme cuenta, había encontrado un empleo: impartir clases de Arquitectura y Diseño. Nunca había soñado con convertirme en profesor, pero cuando me lo ofrecieron pensé: «¿Por qué no?».

Disfruté mucho de aquel ambiente. Entre otras cosas porque, como profesor, se me permitía continuar con mi propia educación en los talleres. Me gustaba la facultad y no me tomaba la vida muy en serio. Yo no era un joven impulsado por la ardiente ambición de dejar huella en el mundo, pero me mantenía a mí mismo y, sin ser del todo consciente de la situación, era muy afortunado por tener un trabajo que no parecía un trabajo.

Durante mis estudios me interesé por los diferentes tipos de patrones que podía crear con formas geométricas en mis dibujos, pinturas y esculturas. En 1970, antes de la graduación, nos pidieron como proyecto final para las clases de Arte que recopiláramos nuestro trabajo de aquellos tres años y montáramos una exposición. Una de las piezas que elegí fue un cubo de colores.

Aunque tenía un trabajo, me sentía, y sigo sintiéndome así, un amateur. A menudo consideramos que lo que diferencia a un amateur de un profesional es la educación; es decir, que la mayoría de los profesionales han sido educados en su campo mientras que la mayor parte de los amateurs son autodidactas en un área que ha captado su imaginación y su interés. Sin embargo, es una paradoja que aquellos que están en la cima de su profesión se parezcan tanto a los amateurs por su dedicación incondicional al trabajo.

Es muy apropiado que el origen etimológico de amateur sea la palabra latina para *amante*, que es *amatore*. No importa la distancia que el término haya recorrido desde su raíz: a mí aún me sugiere que un amateur es alguien que ama lo que quiera que sea que esté haciendo. Ama un tema. Ama el proceso. Ama el resultado. En contraste con esto, el trabajo de un profesional es muy distinto y, además, suele tener una compensación económica. Como es natural, respeto a los profesionales; es solo que yo no me considero uno. Los profesionales deben ser personas centradas en un propósito que utilizan medios de eficacia probada para conseguir objetivos bien definidos. Por otra parte, los amateurs disfrutan de una libertad absoluta que un profesional nunca tendrá. Un amateur es libre, independiente y abierto. Para él, los riesgos de los hallazgos accidentales son en sí mismos una recompensa. Los amateurs tienden a sumergirse en un estado de curiosidad y descubrimiento. Disfrutan del proceso, de las revelaciones de cada pequeño avance y del brillo del orgullo genuino con el resultado final.

Si miro al pasado, al principio de la historia del Cubo, mi experiencia me dice que es posible tener éxito siendo un amateur. Cuando hice el Cubo yo no era ingeniero industrial ni tampoco tenía ninguna experiencia en el campo de los juguetes. Y trabajé totalmente solo. Fui el inventor aficionado, el ingeniero aficionado que tuvo que solventar la parte técnica de la idea y también el diseñador aficionado que le dio su forma y apariencia final.

Cuando acudí por primera vez a una muestra de juguetes, me di cuenta de que tenía algo muy importante en común con los otros «inventores de juguetes»: todos teníamos otro trabajo cotidiano y hacíamos otras cosas para ganarnos la vida.

Descubrí, en fin, que una característica interesante de la mayoría de quienes habían tenido éxito en el área de los juguetes y los juegos era que tendían a ser amateurs y autodidactas.

Debo repetir, una vez más, que mis esfuerzos en estas a veces torpes descripciones se encuentran con la barrera de las limitaciones de mi escritura. Puesto en el papel, un texto puede ser tan seco y constreñido que los sabores, los matices y las emociones de la vida real se pierden. Es como si tuvieras una colección de hojas secas cuidadosamente colocadas entre las páginas de un libro cerrado (o ilegible). Las hojas pueden ser ejemplos muy bonitos de la variedad de formas y figuras de la naturaleza, pero ¿dónde están los olores y los colores? Ausentes.

Como iba diciendo, estos dos términos (*amateur* y *profesional*) pueden parecer contradictorios, pero existen simultáneamente en nuestro interior. Quizá lo mejor a lo que podamos aspirar es a ser ambas cosas a la vez: un eterno profesional amateur o alguien que ha hecho de ser un amateur su profesión. Me parece que la clave es disfrutar de nuestras actividades profesionales sin olvidar aquello que sentimos cuando conseguimos nuestro primer logro, y encarar cada nueva tarea con el entusiasmo y el ánimo de un amateur.

Pero este no es mi caso. Para ser sinceros, por suerte (o por desgracia) no creo que me haya convertido en un profesional de nada. Soy, y sigo siendo, un aficionado en todo aquello que hago.

Cierra los ojos e imagina un objeto con tanto detalle como te sea posible. Puede ser cualquier cosa, pero mi consejo es que elijas algo simple (una mesa, una silla, una taza de café, un vaso) porque son conceptos que existen como realidad física y como imagen sintetizada en tu mente. Y ahora, una vez hayas hecho esta visualización y puedas retener esta imagen en tu mente, trata de hacer que se mueva. Date una vuelta por el objeto o intenta hacer que rote frente a ti. Conviértete en hormiga y recórrelo de arriba abajo, examinando cada ángulo y superficie. Transfórmate ahora en colibrí y vuela alrededor de él. Y, finalmente, echa un vistazo al interior del objeto. ¿Puedes ver la estructura que lo mantiene unido?

Por supuesto, es posible que este ejercicio te haya parecido difícil, frustrante o, peor aún, inútil.

Pero no te preocupes. En ese sentido, formas parte de la mayoría.

La introspección que este ejercicio requiere es despreciada o directamente ignorada por nuestra sociedad y nuestro sistema educativo. Vivimos en un mundo táctil y empírico, de modo que lo que pasa frente a nosotros suele ser detectado pero no interiorizado. Entendido esto, vayamos un poco más lejos con este ejercicio. Ahora trata de dibujar un boceto de lo que hayas visualizado en tu mente. No hace falta que sea ni preciso ni bonito, solo reconocible. El dibujo debe proporcionar, tengas o no buen ojo, una manera de darle sentido a algo.

Una de las asignaturas que impartí al principio de ser profesor fue Geometría Descriptiva. En cierto modo se podría pensar que este es un tema árido, pero está muy relacionado con la comunicación visual, el diseño y el arte. Es una asignatura a la que los estudiantes acuden con muy pocos conocimientos previos, así que puede ser difícil de impartir y de aprender porque necesitas dominar principios y leyes con un vocabulario muy específico. Básicamente, la geometría descriptiva consiste en generar visiones bidimensionales de objetos tridimensionales. Explicar todo esto nunca me resultó sencillo, pero me preparó para mi trabajo con el Cubo.

El Cubo tiene un tipo de orientación espacial distinto al de la mayoría de objetos: no hay arriba o abajo, izquierda o derecha. Una de las razones de su duradero encanto, de su capacidad para atraer a toda clase de gente, quizá sea que el Cubo parece un todo sólido, pero es imposible verlo por completo de una vez (es como la gente: nunca podrás ver a otra persona en todas sus dimensiones). Lo pongas como lo pongas, siempre tendrás una perspectiva limitada del Cubo. El reto consiste en que necesitas ser capaz de ver todas sus caras para resolverlo. Quizá consigas hacer toda una cara del mismo color y te deleites en ese momento de éxito, hasta que le das la vuelta y ves el caos en las otras cinco caras. Nuestra visión nos ofrece todo el rato una imagen de bodegón, de naturaleza muerta, y son necesarias varias perspectivas para componer las piezas de un objeto en el espacio.

Aquí es donde tu imaginación y tu memoria te vendrán bien, porque, aunque no seas capaz de ver algo por completo, con el tiempo puedes entrenar tu mente para que recuerde las partes útiles. Cuando en la infancia nuestra madre nos enseña los trozos rotos del vaso que cayó mientras intentábamos trepar a la mesa, nos recuerda que nuestras acciones tienen consecuencias. Y al ir madurando empezamos a ser capaces de predecir esas consecuencias. Lo mismo pasa con el Cubo. Después de jugar un buen rato con él, empezamos a ser capaces de reconocer qué pasará con cada giro.

Mi aburrimiento escolar me preparó para mi interés en la geometría. Gracias a los muchos días que pasé dibujando objetos mientras los profesores zumbaban a mi alrededor, conseguí obtener una mejor comprensión de la naturaleza esencial de esos objetos. Me empecé a dar cuenta de que, para mí, dibujar era una manera de entender. Tras una imagen hay contenido y, cuando yo dibujaba cualquier imagen —fuese una cara o un árbol—, trataba de capturar su apariencia, pero si no comprendía la naturaleza de la estructura que había tras la superficie, esa imagen siempre era plana. Esta es la clase de conocimiento que solo surge tras sentir frustración por tu torpeza y falta de habilidad a la hora de hacer algo que te interesa profundamente. Pero si empiezas a ver la planitud de una página como un problema que hay que resolver, llega un momento inevitable en el que la solución se te presenta de un modo evidente.

La geometría descriptiva, como ya he dicho, tiene un lenguaje propio, que es a la vez poderoso y simple. Y del mismo modo que los escritores no suelen inventarse las palabras, yo tampoco creé este lenguaje. Lo que hice fue descubrir nuevas posibilidades dentro de las relaciones espaciales que forman este vocabulario. La geometría descriptiva consiste en comprender el espacio y en usar ese entendimiento para, a la vez, descubrir ideas en tres dimensiones y ser capaz de comunicar esos conceptos.

A medida que me interesaba cada vez más por el dibujo me di cuenta de que, para dibujar a una persona, aunque no se viese su esqueleto, necesitaba entender la anatomía del cuerpo humano. Con un objeto inanimado no es distinto. También tiene una estructura subyacente sin la cual un dibujo no es más que líneas en una página. Aquí es donde entra la geometría descriptiva, porque en lo esencial consiste en desarrollar el hábito, o la habilidad, de mirar bajo la superficie para ver la verdadera naturaleza de las cosas.

Sí, es posible que todos nazcamos con la curiosidad, incluso el talento, de mirar bajo la superficie de las cosas. Pero tiende a disminuir con el tiempo porque hay una epidemia de ceguera espacial y porque nos empeñamos en creer que otras habilidades son más importantes. Sobre todo por el hecho de que comprender —atrapar, penetrar, desentrañar, reconocer— la estructura subyacente de un ser humano o de un objeto es algo que no puede cuantificarse. ¿Cómo atrapas, cómo desentrañas, cómo reconoces algo? No puede medirse o examinarse del mismo modo en que se prueba el conocimiento de nombres, fechas, hechos y cifras. Pero fue pensar en la estructura subyacente de aquello que dibujaba lo que hizo que empezaran a desarrollarse mi conocimiento y mi comprensión, no solo sobre la naturaleza esencial de esos objetos o personas, sino también sobre las conexiones que existían entre sus varios componentes.

Antes he mencionado la ceguera espacial, así que debería aclarar qué es: la falta de habilidad para entender las relaciones espaciales y la falta de capacidad para orientarse en el espacio. Cualquier tipo de conocimiento especializado crea su propio lenguaje (piensa en lo complicado que suele ser entender lo que dicen los médicos) y cada área de especialización viene acompañada de un nuevo tipo de vocabulario que suele ser incomprensible para alguien lego sobre el tema, pero esa nueva terminología cumple un propósito muy importante: es una manera sencilla de expresar conceptos muy complejos. Sin él harían falta muchas palabras para describir de qué se está hablando.

Si no hubiese entrenado mi mente con la geometría descriptiva, me habrían hecho falta muchas más palabras para describir una simple relación en tres dimensiones, cuando la manera más sencilla de describirla habría sido un boceto. Puede ser muy difícil imaginar tan solo una línea en el espacio. Y si tienes más de una, la cosa se vuelve más y más complicada. Si se cruzan, pueden ser fáciles de imaginar. Si son paralelas, también, dado que tenemos muchas analogías. Pero las líneas que se cruzan comparten un punto y cierran un ángulo. Y las paralelas tienen no solo uno, sino dos puntos compartidos en ambas direcciones hacia el infinito. Ambos casos, líneas cruzadas y paralelas, definen un plano, lo que quiere decir que tienen dos dimensiones. Luego están las líneas que no tienen un punto compartido y que solo pueden ser descritas en el espacio. No es que las líneas en sí mismas sean tridimensionales, pero en este caso definen las tres dimensiones. Si quisieras describir las relaciones de estas líneas, solo podrías hacerlo en términos de tres dimensiones. En el mundo de las tres dimensiones hay muchas cosas que no existen en el de dos (el volumen, por ejemplo), pero es importante observar que la distancia de estas líneas solo puede especificarse en tres dimensiones por una tercera línea que las cruce a ambas en el ángulo correcto. Cuando impartía clases, me di cuenta de que esta era una manera simple pero eficiente de que un estudiante comprobase su conocimiento y su visión de lo tridimensional. Volviendo a la imaginación espacial, puedo crear ejercicios que traten de cambiar la manera en que mis estudiantes piensan sobre aquello que los rodea.

Divertirse es importante. Año tras año traté de despertar este sentimiento en mis estudiantes. Mi intención era impartir la asignatura como si fuera una lengua extranjera, con su vocabulario y su gramática, para hacer entender que la manera en que hablamos depende de lo que tenemos que decir y que, por tanto, debemos elegir nuestras palabras, tonos y ritmos en consecuencia. Cuando dominamos el lenguaje de la descripción geométrica podemos comunicar algo distinto, con más precisión, acerca del espacio que nos rodea y de los objetos que lo definen. Solo podemos comprender la estructura del espacio conociendo nuestros límites y posibilidades.

A menudo me sentía como si le hablara de la luz y del color a un ciego, pero sé que no era una asignatura fácil de enseñar o de estudiar. De hecho, la ceguera espacial no tiene una cura sencilla, especialmente en adultos que han pasado toda su vida estableciendo imágenes del mundo propias y definitivas. El trabajo creativo es una expresión de nuestras vidas más íntimas, de lo que sentimos, de lo que creemos, de lo que queremos hacer, del objetivo al que nos gustaría llegar. Del mismo modo, tratar de entender las nociones más abstractas de espacio y geometría requiere de un lenguaje y comunicación muy precisos, pero también de una sensibilidad muy entrenada para captar conceptos que, bueno, o los entiendes o no los entiendes.

Entonces, ¿cómo es posible que algo nuevo, algo que no ha existido hasta ese momento, se convierta en una realidad? ¿En qué consiste la creación? De hecho, ¿qué quiere decir *crear*? Estas preguntas tienen respuestas que son los catalizadores de aún más preguntas.

Pero aun así tenemos que hacérnoslas. De todas ellas, quizá las preguntas que más cualificado estoy para responder sean estas dos: cuando trabajaba en el Cubo, ¿cómo era mi proceso creativo?, ¿cuál fue mi experiencia? La verdad es que no puedo decir que lo que hice fue el resultado de un relámpago de inspiración, de un ilusorio momento de ¡eureka! en el que casi de la nada imaginé tal objeto y todo lo demás ya vino rodado. No hubo ningún momento que pueda comparar con la proverbial experiencia de Newton con la manzana. Ningún azar, sueño o encuentro casual me inspiraron.

Es solo que yo era muy muy curioso. Quería averiguar algo, incluso aunque no supiese qué era exactamente ese algo.

Empecé a trabajar en cierto problema geométrico y mi objetivo inicial era... ninguno. Tenía solo una idea, pero ni siquiera era capaz de formular con precisión cuál era el problema que con tanto fervor trataba de resolver. Y, sin embargo, me movía el potencial de crear un objeto tridimensional con forma de cubo que pudiese moverse sobre su eje. A partir de ahí, empecé a pensar en los siguientes pasos y pronto me puse a jugar con este asunto como lo hubiera hecho con cualquier juego interesante. Cuando algo te interesa, te despierta. Este aspecto competitivo, la esperanza de que de algún modo pueda dominarse el juego, se convierte en una fuerza motivadora.

No tenía una fecha límite. Yo solo disfrutaba de ese problema con el que me había encontrado y sabía que, para mí, trabajar en un problema es el requisito para fomentar —o liberar— la imaginación. Por supuesto, con el tiempo encontré respuestas a estas preguntas (o, aún mejor, las respuestas me encontraron a mí) en un objeto de 3 x 3 x 3 con caras de color rojo, blanco, naranja, verde, azul y amarillo. Y ya está.

La curiosidad significa no aceptar nada y cuestionar los fundamentos una y otra vez. Encontramos las buenas preguntas porque nos interesa el cómo de las cosas. Ese es el único camino hacia delante. Y aquí «delante» no quiere decir una dirección predeterminada o algo que pueda ser fijado de antemano, sino una apertura no solo de los ojos, también de nuestra visión en general. Por introducir otra paradoja: moverse hacia delante requiere de un tipo de ingenuidad exquisita y entrenada, es decir, de una sed insaciable de respuestas cada vez mejores.

Pero estas respuestas no son simplemente teóricas. Crear necesita de algo más que curiosidad; también requiere de una clase de motivación interior o de ambición que puede caracterizarse como la curiosidad sobre nuestras propias capacidades. ¿Sabemos, realmente, de qué somos capaces? Al igual que los antiguos, nosotros trabajamos con los elementos, con piedra, madera o fuego, usamos martillos, clavos, destornilladores y todos los instrumentos que la humanidad haya desarrollado, pero el otro ingrediente clave es la intuición. El más simple de los instrumentos puede inspirar, por sí mismo y a través de su uso, una solución.

La curiosidad es la llama que puede encender la creatividad.

3

Cuando trabajo en un problema, nunca pienso en
la belleza. Pero cuando he terminado, si la solución
no es bella, entonces sé que es errónea.

R. Buckminster Fuller

Era la primavera anterior a mi treinta cumpleaños, en 1974, y
mi habitación parecía el bolsillo de un niño, lleno de canicas
y tesoros. Había trozos de papel con notas sueltas y dibujos,
lápices, ceras de colores, cuerdas, palos pequeños, pegamento,
chinchetas, muelles, tornillos y reglas. Estos objetos estaban por
todos los rincones, por todas las estanterías, en el suelo y hasta
en la mesa que me servía como tablero de dibujo; colgaban del
techo, estaban clavados en la pared o amontonados en el marco
de la ventana. Entre ellos había innumerables cubos hechos de
papel o de madera, de uno o más colores, sólidos o deshechos
en bloques. En principio aquí era donde preparaba las clases y
donde ideaba ejercicios para mis estudiantes, pero acabó siendo mucho más que eso.

Un día, no sé exactamente cuándo ni tampoco por qué, una
idea se apoderó de mí: pensé que sería interesante juntar ocho
cubos pequeños de tal manera que estuvieran unidos pero además pudiesen moverse de forma individual. No tenía la menor

idea de si esto le resultaría interesante a alguien más, pero a mí me atrapó el hecho, en apariencia no muy importante, de que parecía absolutamente imposible conseguir que las ocho piezas se pudiesen mover de manera libre e independiente y que, a la vez, siguieran estando conectadas entre sí.

Una relación o correlación mecánica implica una medida de la constancia. Una puerta, por ejemplo, siempre gira sobre sus bisagras: se mueve, pero nunca lo hace más allá de ahí. De igual modo, las ruedas de un coche siempre giran alrededor de su eje. Así que la primera cuestión que me asaltó fue la de averiguar cómo podía hacer que los ocho cubos pequeños estuvieran conectados y, sin embargo, se pudiesen mover. En teoría, cuatro de ellos podían girar alrededor de los otros al mismo tiempo, pero ¿dónde iba a estar su eje real? Me resultó bastante sencillo hacer un modelo para ilustrar el problema, así que di unos cuantos pasos en esta dirección.

Primero hice ocho cubos de madera idénticos. Luego los limé hasta dejar unos bordes suaves (creo que los míos, al menos al principio, no eran así, pero es mejor si imaginamos que sí lo eran) y después hice un agujero en la esquina de cada cubo de modo que pudiese unirlos de dos en dos. Una vez tuve los cuatro pares de cubos, los junté por sus ángulos opuestos y creé un pequeño bloque de 2 x 2 x 2 hecho de bloques aún más pequeños cuyas caras podían girar de manera independiente. ¡El problema estaba resuelto! Había hecho algo maravillosamente simple que parecía ser lo que quería, es decir, un cubo de cubos capaces de movimiento.

Pero enseguida quedó claro que mi magistral construcción no era, en absoluto, una solución al problema: se vino literalmente abajo. En su centro encontré un nudo enorme y muy enredado. El elástico había soportado la tensión durante un tiempo, pero los giros acabaron siendo demasiados y se rompió. Yo estaba muy frustrado, pero a la vez tenía curiosidad por saber por qué había sucedido esto. Le había dado forma a la naturaleza de un problema y este problema tridimensional me tenía atrapado. Estaba enganchado, intelectual y emocionalmente. El problema no era solo una cuestión teórica: se había convertido en una presencia física que tenía entre mis manos.

No estaba tratando con una abstracción, con un concepto, aunque hubiese empezado siéndolo y aunque en mi mente aún lo pensara así. Era algo real. Un concepto como un objeto y un objeto como un concepto. Algo entre ambos. Como una esfinge. Si encontraba la clave del objeto, hallaría también la clave del concepto. Por delante tenía que superar una distancia desconocida en un terreno ignoto. Qué vergonzoso. Y qué inspirador.

En los siguientes días empecé a investigar la naturaleza del problema y sus posibles soluciones. Esta fase de investigación sucedió en mi cabeza. Descarté varias posibilidades de forma teórica, sin ni siquiera intentar ejecutarlas, porque me parecieron torpes o demasiado complicadas. Estaba convencido de que había una solución y de que, además, debía ser sencilla.

Estamos hablando de estructuras o, mejor dicho, de la construcción de un objeto. En este sentido, lo que había hecho era crear una conexión entre los cubos al unir todos los ángulos, hasta que esa conexión se vino abajo. Me di cuenta de que las posibilidades de movimiento eran enormes y de que las conexiones con la banda elástica no resistirían a la larga. Podía mantener la integridad estructural durante varios giros, pero no durante cientos de ellos. Necesitaba algo más duradero, que tuviese una resistencia casi infinita. Algo con estas dos características esenciales: debía unir el eje y los elementos de conexión. Cambié la banda elástica por hilo de pescar, pero no fue una solución definitiva. Los elementos eran rígidos, así que traté de hacer el conjunto más complejo y, a la vez, más simple y separé las dos funciones: solucionar, por un lado, la rotación alrededor de un eje, y encontrar, por otro, una fuerza que mantuviese la cohesión de las piezas.

Llegué a la conclusión de que la solución no me la daría un 2 x 2 x 2, sino un 3 x 3 x 3. Estaba claro que la solución técnica necesitaba de más piezas: 3 x 3 x 3 contiene 2 x 2 x 2, pero, además de las esquinas, tiene las partes intermedias y los bordes. Con partes intermedias y un centro oculto, el movimiento puede ser progresivamente más complejo. Se convirtió en una solución a la cuestión original, que era cómo crear una estructura en la que los elementos singulares estuviesen unidos pero, aun así, fuesen capaces de moverse individualmente. Así fue como hice mi primer modelo de madera. ¡Y funcionó! El modelo, sin embargo, tenía solo veintiséis piezas, porque al principio ni siquiera pensé en que sería necesario hacer un cubo central.

No obstante, me acabé dando cuenta de que era esencial: *de hecho, era el núcleo que lo mantendría todo unido.*

Lo que había hecho era claramente un objeto, pero tenía aún más interés porque era *la materialización tridimensional de un concepto*. Como representación, solo contenía la esencia de una construcción tridimensional, igual que una representación pictórica contiene solo la esencia de la imagen real. Construir modelos es una parte esencial de la actividad de un diseñador, sea arquitecto, delineante o alguien que trabaja en cualquier campo relacionado. Sin embargo, los modelos realizados en esta clase de trabajos sirven solo como ilustraciones.

Hay una diferencia, en apariencia minúscula pero de hecho infinita, entre la realidad de un objeto tal y como existe en el mundo —da igual un edificio que una pelota de tenis o un cubo— y su perfección geométrica, porque todo en el mundo real es, como mínimo, un poco defectuoso en comparación con su ideal geométrico. Este es un detalle de enorme trascendencia.

Las definiciones geométricas son claras como el cristal, pero las expresiones físicas de esas definiciones no existen en el mundo real. Ni siquiera el espejo más pulido llegará nunca a compararse con lo que queremos decir cuando hablamos de *plano*.

Yo había creado cubitos perfectamente regulares y, sin embargo, tenían diferencias minúsculas e insalvables. Estas variaciones no las habría podido ver nadie, pero hacían que los cubos, en comparación con el ideal que existía en el papel —o ahora en una pantalla, o como definición o teoría—, no cumpliesen con las expectativas.

Lo compliqué todo aún más cuando decidí que quería movimiento en mi estructura. Este cambia de forma natural la posición relativa de un objeto mientras que la regularidad es una fuerza que mantiene la integridad y la estabilidad de ese objeto. Me pregunté si sería posible incluir regularidad y movimiento en una sola estructura sin que, por decirlo así, el movimiento desgastara las esquinas. Esta fluidez solo puede lograrse hasta cierto punto, un concepto conocido como *tolerancia* en términos técnicos. La tolerancia es un más o un menos que se utiliza para reconocer que la estructura resultante es capaz de «tolerar» las diferencias, aunque lo que se representa no sea preciso. Podemos acercarnos y aspirar a ella, pero la precisión completa es imposible. Quizá *precisión* ni siquiera sea la palabra correcta en este caso: lo que yo buscaba era un objeto ideal que pudiese contener mi visión de esta función contradictoria, la de una posición constante y fija, combinada con la capacidad de cambiar de posición. En ese sentido, lo más lejos que llegué fue el Cubo.

Todas estas preocupaciones teóricas se acabaron convirtiendo en prácticas cuando llegó el momento de manufacturar el Cubo. Pero antes me deleité en la contemplación del problema que había resuelto, en ese pequeño objeto que había creado casi de forma involuntaria, y me pregunté qué otros problemas necesitados de una solución podía presentar ese objeto.

Los problemas son inevitables, una parte integral de la vida. Como regla general, no desaparecen por sí solos. A veces pueden hacernos enloquecer y enfurecer, pero en muchas ocasiones nos enseñan lecciones importantes. Se ha observado que encontrar la solución de un rompecabezas es una especie de microcosmos, un modelo para resolver problemas en otros aspectos de nuestra vida. Cuando no estamos perdidos ante un desafío ni nos sentimos demasiado ansiosos pensando que no seremos capaces de resolver aquello a lo que nos enfrentamos, solo hay que desmenuzar ese reto en partes, solucionar cada una de ellas por separado, sistemáticamente, y después juntar las soluciones. Entonces empezamos a comprender en su totalidad la naturaleza del problema y eso nos ayuda a resolverlo y, aún más importante, a entender por completo qué es lo que hemos hecho.

Esta parece una oportunidad perfecta para hablar de *Cómo plantear y resolver problemas*, el clásico de mi compatriota György Pólya. Lo que decía es lo siguiente.

Primero tienes que entender el problema. Después de entenderlo, haz un plan. Lleva a cabo el plan, observa luego tu trabajo y pregúntate: ¿cómo podrías mejorarlo?

Si esta técnica fracasa, nos aconseja, «hay problemas más fáciles de resolver: encuéntralos». O, dicho de otro modo: «Si no puedes resolver el problema propuesto, intenta imaginar uno parecido. ¿Puedes imaginar un problema parecido cuya solución sea más sencilla?».

A estos consejos puedo añadir uno más: recuerda que, si deconstruyes un objeto, tendrás que ser capaz de construirlo de nuevo.

En mi infancia aprendí mucho sobre perseverar en la solución de problemas mientras observaba a mi padre construir, con sus propias manos y partiendo de cero, nuestra casa a orillas del lago Balatón. Mis padres habían comprado en los años cincuenta un trozo de tierra en este hermoso lugar y, al principio, dormíamos en tiendas hechas de sábanas, sacábamos el agua de un pozo, cocinábamos en un pequeño hornillo y dependíamos de lámparas de parafina cuando caía la noche. Poco a poco mi padre fue construyendo la casa, sacando tiempo cada vez que su trabajo le dejaba una pausa. Primero aparecieron las paredes, así que las sábanas se convirtieron en puertas, pero pronto aparecieron las puertas de verdad y más tarde una rudimentaria instalación eléctrica y de fontanería. Lo hicimos todo con nuestras propias manos porque nos obligó la necesidad económica, pero este proceso me ayudó a acercarme a los cimientos materiales de las cosas. Para mí, una casa no es simplemente un lugar al que uno se muda cuando por fin está terminada, sino una construcción humana que necesita una infinita atención a todos los detalles.

Como arquitecto he llegado a entender que un hogar tiene, o debería tener, más relación con la personalidad y el carácter de su propietario, o de quien sea que planee vivir allí, que con la de su diseñador. Y esto me lleva a una cuestión que ya he explorado en un ensayo sobre el tema: *¿Qué es la belleza? ¿Es la belleza útil?*

Todo producto nuevo, sea físico o virtual, es también y necesariamente un nuevo diseño. De todos modos, nunca sucede que el fenotipo (la pinta que tiene, sus características o rasgos observables) resultante se corresponda perfectamente con el genotipo (su código, su composición genética, la construcción funcional del propio objeto). El fenotipo es la expresión del código genético de un organismo, o genotipo, y de la influencia de los factores ambientales, de la misteriosa alquimia de los así llamados *desencadenantes* y del azar. Una evolución como esta tiene lugar a lo largo de varias fases (o generaciones) de progreso, ensayo y error, y de respuestas de usuarios decepcionados. La belleza se alcanza en los extraños y milagrosos casos en los que se armonizan función y diseño.

Esta belleza es catártica porque resuelve la inherente contradicción entre función y experiencia. Es lo que el difunto Steve Jobs entendió tan bien. Sin embargo, ¿por qué le hicieron falta tantos años a Apple para lanzarse a esta (carísima) búsqueda de la belleza? ¿Por qué el diseño es cada vez más importante en los productos fabricados en masa para las masas y menos en los que se hacen para la selecta minoría de gustos refinados y carteras repletas? ¿Y por qué hemos tenido que esperar hasta este milenio para reconocer la importancia del diseño en campos como el mundo empresarial o la educación?

Creo que estas preguntas se responden en parte por la decreciente utilidad marginal del puro rendimiento: nuestros ordenadores, así como nuestros coches o nuestras televisiones, son tan potentes que los usuarios normales cada vez dan menos importancia a que se añadan más gigabytes, mayores discos duros, más caballos de potencia o más píxeles. *La competición por la atención y la satisfacción del consumidor se ha transformado rápidamente en la búsqueda de una experiencia de más riqueza en la que la belleza es la clave.*

Otra razón es que el flujo de información en nuestro interconectado mundo provoca que esta competición sea salvaje y casi constante. Internet, además, hace que los gustos adquiridos tengan más peso en cualquier categoría: un objeto bello se convierte de inmediato en un algo deseado, sea cual sea su precio.

La funcionalidad siempre puede mejorarse, al menos en un principio. Es en la armonía entre función y forma donde el diseño puede acercarse a la perfección. Un producto, incluso un objeto artístico, solo es perfecto cuando ya no hay nada más que añadir ni que eliminar. Esta es la catártica experiencia de un objeto convirtiéndose en sí mismo.

El Cubo ha llegado a ser un icono por su funcionalidad contrafactual: explotando la inmovilidad innata de un sólido estático hace posible algo que parece imposible. Y además, de modo no menos importante, crea una armonía en la mente, en el corazón y en las manos que permite entrar en una dimensión en la que manipular y reconocer formas y colores nos evoca emociones inmediatas. También es un objeto en sí mismo porque establece su propio reto: es un rompecabezas que no necesita manual de instrucciones ni reglas elaboradas. Cualquier persona bendecida con los sentidos humanos básicos puede «pillarlo» al instante.

Hasta aquí, todo bien. Pero una vez hemos establecido la relevancia de su diseño, ¿qué hacemos? Por de pronto, la palabra *diseño* ya resulta problemática. La usamos en exceso, lo cual difumina su significado. Para los propios diseñadores es una mezcla de problema creativo, experiencia del usuario, funcionalidad y aspecto. Es algo en lo que se trabaja, en presente.

Pero el diseño tiene un significado distinto para los profanos. Más que como acción o como actividad, es una palabra que se usa para decir que algo mola, que es moderno o bonito. Para ellos, es un sustantivo autosuficiente.

El objetivo es cerrar la brecha entre estos dos significados. Para conseguirlo, necesitamos asumir el carácter interdisciplinar del diseño y de la educación sobre el diseño. En este sentido, el diseño (como actividad creativa) difiere de otros campos en los que la disciplina implica tener cierta profundidad de comprensión en contextos específicos. Por ejemplo, escuchar una sinfonía es una experiencia distinta para alguien que va de vez en cuando a un concierto que para un estudioso de la música o para un profesional.

El diseño, al contrario, es interdisciplinar por naturaleza. El objetivo final de cualquier proyecto de diseño no es solo el objeto, sino el objeto en uso; su calidad puede medirse solo por la interacción entre el objeto y el usuario. Esta solo puede alcanzarse mediante la comprensión conjunta, por una parte, de los aspectos del ser humano que el diseño trata de estimular —la psicología, la percepción, a veces la anatomía e incluso la economía— y, por otra, del carácter del objeto, lo que incluye sus materiales, la información tecnológica necesaria para hacerlo, su mecánica y su estructura.

Por tanto, la unión de humanidad, tecnología, ciencia, arte y creatividad es lo que encontramos en el núcleo mismo de la filosofía del diseño y lo que deberíamos encontrar en el centro de la educación sobre el diseño. La abrumadora gama de perspectivas que ofrece el diseño creativo hace que la educación sobre el diseño deba empezar por lo más básico: ejercicios manuales con materiales de verdad, un riguroso entendimiento de las dimensiones del espacio, el funcionamiento de lo tridimensional y mucho más. Lo ideal sería que esto empezara en el colegio para que la experiencia humana en sí misma formara a los profesionales del diseño y los hiciera más abiertos y receptivos a los desafíos creativos en contextos interdisciplinares.

En su esencia, el diseño es un enlace con la naturaleza para objetos artificiales. La naturaleza no conoce fronteras ni barreras, solo transiciones. Entender la variedad de contextos, conexiones y oportunidades de esas transiciones es la base de la inspiración y la creatividad. Para reclamar su buen nombre, su sentido y su relevancia, el diseño debe estar a la altura de este desafío.

Solo tengo que echar la vista atrás y recordar a mi padre construyendo nuestra casita en el lago Balatón para ver todas esas fuerzas en funcionamiento. Pese a su reducido tamaño, resultó ser más que adecuada para nuestra familia. Tenía un patio cerrado, un mirador y una cocina separada que en principio iba a ser provisional y que, como suele suceder, pasó de plan temporal a elemento permanente.

El resultado reflejaba muchas de las características más admirables de mi padre. Su intención había sido que fuese más grande, pero habría necesitado una eternidad para cumplir sus planes. Mi hermana, mi madre y yo hicimos nuestras propias contribuciones. Yo ayudaba a mi padre a mezclar el cemento, el agua y la gravilla, y luego echábamos juntos el hormigón. También aprendí a reciclar clavos viejos martilleándolos hasta que recobrasen su forma sin chafarme los dedos y, cuando la casa estaba casi terminada, hice un suelo de mosaico para el mirador.

Nunca construimos los añadidos que mi padre había previsto y quedaron unas vigas oxidadas sobresaliendo de las paredes, evidencias de sus planes que le daban a la casa la impresión de estar siempre en obras.

Mis años de estudiante se veían interrumpidos por largas vacaciones de verano en el lago Balatón, al que algunos llaman «el mar húngaro» y otros, simplemente, «el Lago». En aquellos días aún era un sitio muy romántico, de aguas dulces y claras, lleno de vegetación y aves de caza, con una orilla sur llana y una orilla norte montañosa.

En uno de esos veranos mi padre me compró una barca pequeña de segunda mano. Desde entonces pasé en ella días y noches en la más absoluta soledad. Incluso construí un pequeño puerto para la barca abriendo un camino entre los juncos cercanos a nuestro terreno. Me encantaba irme lejos, al centro del lago, donde ningún ruido de la orilla me alcanzaba, para escuchar el ocasional chapoteo de los peces y admirar el surco blanco que dejaba mi barca, para sentir que el agua me helaba los pies y el sol quemaba mi cara. Además, adoraba que hubiera tormentas.

Es un lago apacible, así que, cuando decide jugar duro, te pilla por sorpresa. Sus tormentas son repentinas y feroces, y solo los nativos son capaces de leer las señales de aviso. La taimada furia del lago cuesta la vida de muchos forasteros cuando las colinas del norte retienen los vientos y los sueltan con la fuerza de una bomba. Esta transformación se da en unos pocos minutos. Primero el agua se ennegrece, luego una línea blanca corre hacia ti, seguida de cerca por una masa oscura que un segundo antes era de un inocente y gentil color verde. Para cuando te das cuenta de que algo está sucediendo, ya la tienes encima y te arrebata un viento de extraño chirrido, un aire afilado y confuso. Incluso los marineros se asombran al ver cómo esta criatura de apariencia inofensiva y complaciente entra en una erupción de olas violentas y traicioneras como crestas congeladas en cumbres de rápidos latidos. En estas circunstancias el agua se mantiene cálida, así que es una maravilla nadar en ella. Pero, si ya es una maravilla nadar durante una tormenta, es aún mejor hacerlo de noche, cuando la superficie, pulida como un espejo, solo se rompe por el largo sendero que dejan tus brazadas. Salía del lago cuando tenía la sensación de que ya había «agotado» toda su agua y, aun así, lo hacía sin ganas, gateando por el barro de la orilla. Cuando no estaba en el agua, daba largos paseos en bici alrededor del lago. Se tarda dos días en dar una vuelta completa, pero puedes hacer trampas y coger un ferri para atravesarlo a medio camino.

Este paraíso infantil a orillas del Balatón hace mucho que desapareció. En retrospectiva, me maravillan la fuerza física de mi padre y su empeño por construir una casa allí. Para mí, esa casita era un símbolo de la sólida creencia de mi padre de que los problemas, incluso los causados por la naturaleza, solo emergen para tentarnos con la búsqueda de nuevas y originales soluciones.

Hay una diferencia enorme entre definir un problema y resolverlo. La mayor parte de las veces los problemas surgen en medio de un estado de caos y la mayor parte de las veces parece contraproducente ser sistemático a la hora de empezar a resolver estos dilemas, pero toda nuestra vida se basa en esto último: solucionas un problema y aparece otro y luego otro. Da igual cuál sea el desorden de estas situaciones, el primer paso es identificar algunos pequeños puntos fijos en el caos, encontrar un punto de apoyo y crear una base, por diminuta e imperceptible que sea, a partir de la cual empezar a encarar el problema en su totalidad.

Se han escrito miles de libros sobre lo útil que es el caos para la intuición de un artista, sobre lo inspirador que es el desorden. O sobre la pereza como la verdadera inspiración. Y sí, muy a menudo lo contrario también es cierto. Desde mi punto de vista, un sistema vital bien cimentado incluye un catálogo claro de cosas pero, aun así, uno debe ser capaz de mirar sin miedo a los ojos del caos y de aceptar el hecho de que no todo tiene sentido todo el tiempo. Si se posee la habilidad de conectar puntos distantes, el caos es el desafío más inspirador del mundo.

Me las arreglé al fin para construir el cubo de madera de 3 x 3 x 3 y el resultado parecía estable. El Cubo era tal y como lo conoces, pero monocromático; en este momento, todas las caras eran iguales. Frías, abstractas, planas. Ningún intenso color te informaba de las posiciones de los cubos. Yo solo quería saber qué pasaba si lo movía. Imaginé lo que sucedería si desplazaba la capa superior en un giro de 45 grados, pero también me interesaba el estado intermedio, cuando el giro no se ha completado y el cubo de la esquina ha dejado un lado pero aún no ha llegado al otro.

Observé que, en esta posición, los bordes estaban conectados solo con una mitad. Y me di cuenta de que también se sostenían sobre los bordes de la capa intermedia, que a su vez eran sostenidos por sus dos mitades vecinas.

Existía una interdependencia entre todas las partes. Yo no la había previsto, pero descubrí que era una parte esencial de la estructura de lo que había hecho.

Es raro, ¿no? Aunque lo hubiese creado yo, el Cubo me sugería cosas que no había anticipado.

Me senté con este nuevo objeto y empecé a escrutar las capacidades ocultas de sus componentes individuales y también de su identidad colectiva.

Volví a mi modelo de madera original y me di cuenta de por qué era tan indispensable ese cubo central que al principio yo había ignorado. El centro es el único punto de intersección de todos los ejes. Ahí, en el núcleo, hay tornillos y muelles que dan a cada una de las piezas individuales el poder de empujar o tirar. El centro crea una tensión análoga a la de la gravedad porque, del mismo modo que ésta nos mantiene en tierra, los muelles tiran de las piezas intermedias hacia el centro, pero de un modo elástico. Cuando empecé, no creí necesitar un centro funcional porque usaba las bandas elásticas para crear esa tensión que lo mantenía todo en su sitio.

Sin embargo, las bandas elásticas tenían dos problemas muy grandes. El primero, que no eran un elemento muy duradero, o sea, que básicamente se rompían con rapidez. El segundo, que la tensión que creaban entre los cubos no era suficiente. Hacían que la estructura fuese demasiado maleable, como una pelota de goma que no estuviese muy hinchada. Entonces creé un elemento intermedio, lo perforé en todas sus caras y coloqué tornillos en los agujeros. Lo difícil era calibrar con exactitud cuál era la tensión correcta que permitiría que los diferentes elementos se movieran con facilidad y sin mucha rigidez. Tenía que ser, a la vez, estable y ajustable. Cuando apretaba los tornillos, creaba más tensión; si los aflojaba, el conjunto volvía otra vez a ser una pelota deshinchada. Hacer esa pelota más dura o más blanda dependía de los tornillos (años después los *speedcubers*, practicantes del deporte consistente en resolver el Cubo tan rápido como sea posible, han hecho sus propios ajustes para conseguir el tipo de giro deseado).

Hay una famosa historia de Beaumarchais, el dramaturgo y aventurero conocido por haber creado en su vejez a Fígaro, el inmortal personaje. En julio de 1753, siendo un ambicioso joven de veintiún años ansioso por ascender en la escala social, este hijo de relojero inventó, tras un año de trabajo, un escape para relojes que les permitía ser bastante más precisos y compactos, algo muy importante en ese momento, ya que por entonces los relojes de bolsillo no eran muy fiables y se usaban más como adorno que para saber la hora. El relojero real, llamado Lepaute, primero animó al joven Beaumarchais pero luego, directamente, le robó la idea. Creía que su reputación y su palabra serían suficientes para asegurarse el reconocimiento, pero la Academia de Ciencias de Francia, en una decisión histórica que sorprendió a todo el mundo, decidió que el joven desconocido era el responsable del invento y no monsieur Lepaute.

¿Cómo pudo suceder esto?

Primero, el joven Beaumarchais envió cinco cajitas a los miembros del comité y estos las abrieron y miraron. Después de hacerlo, declararon la victoria de Beaumarchais.

¿Qué había en esas cinco cajas?

Pruebas de todos los errores necesarios que había tenido que cometer antes de llegar a la solución correcta.

Puede que yo pensara en algún momento que la función estructural del Cubo consistía solo en mantener unidas las partes intermedias, pero, de hecho, esta era la clave para que cada pieza se mantuviera en su sitio. Necesité asegurarme de que los pares de en medio estuviesen conectados de un modo que no solo tirasen de ellos hacia los otros, sino que, a la vez, tirasen de ellos hacia el punto central. Era como un centro de gravedad que organizaba los componentes combinados de toda la estructura de manera que la posición espacial de cada pieza estuviese definida y fijada.

Tener ese objeto en la mano era una sensación extraordinaria. Por fin había llegado al momento en que cada componente estaba conectado e interactuaba con los otros: los cubos del medio sostenían los bordes, los bordes sostenían las esquinas, las esquinas ayudaban a fijar los bordes y los bordes fijaban los cubos del medio. Las piezas estaban hechas con un material rígido pero, combinadas así, se comportaban como una pelota elástica. Nunca antes había experimentado esa mezcla de rigidez y flexibilidad, esa blandura tan sólida. Pero había más: te invitaba a sentarte y a explorarlo, a iniciar un diálogo con él, a mover los elementos en todas direcciones, solo para disfrutar de la experiencia táctil de sostenerlo en las manos. Incluso estando inmóvil te tentaba a hacer algo con él, a sentir su ductilidad y su disciplina autocontenidas.

Por supuesto, había encontrado la forma geométrica ideal, pero desde luego no había llegado a la construcción definitiva. Y aunque podía parecer que estaba a mi alcance, la sentía muy lejana, a una distancia eterna, como si fuera un espejismo. La geometría se basa en una precisión y exactitud absolutas; los bordes deben tener una sola dimensión, los lados iguales deben serlo de una manera perfecta, un ángulo recto debe tener noventa grados, etcétera. Pero un objeto físico solo puede acercarse a la perfección. Es decir, si el objeto está pensado para su fabricación en masa, debe haber sido diseñado para funcionar a pesar de pequeñas variaciones. No quiero decir con esto que ya desde el principio tuviera visiones de fábricas produciendo millones y millones de Cubos, pero parte de mi formación profesional consistía en considerar la transición desde el taller del diseñador al mercado. Para solucionar este reto, redondeé los bordes. Había una razón para hacerlo: quería que fuese cómodo de manejar y manipular, sin bordes afilados que pinchasen o que hiciesen daño en la mano. También los redondeé simplemente porque me parecía que quedaban mejor.

Así que ¿qué es lo que estaba haciendo? Transformar, paso a paso, un concepto difuso en un objeto muy real que, a su vez, se había convertido en el concepto mismo.

Hacerlo suave, redondeado y agradable posibilitó que cualquier persona que se encontrara con mi creación pudiera experimentar la luz de un concepto abstracto en estado material. Lo que una vez había sido una versión idealizada de un concepto encontraba ahora su expresión en algo que era muy real. Como si estuviésemos en una sala de espejos.

Si las juntas del Cubo hubieran estado muy pegadas, no habría funcionado bien porque la fricción habría impedido sus movimientos.

En cierto modo, necesitaba arruinar la perfección para que fuese perfecto de verdad.

Cuando lo observas, es engañosamente simple. Todas sus cualidades inherentes están ocultas; es un acertijo que responde a tu pregunta solo si aceptas jugar.

Por otra parte, si lo hubiera construido con componentes muy separados, habría hecho un ruido muy desagradable y no habría cumplido el objetivo de ser un objeto que, pese a consistir en muchas piezas, formase una unidad homogénea y cerrada. Me pasé horas y horas redondeando los bordes: como cada cubo tenía doce bordes, tuve que redondear en total trescientos doce. Además, eso provocó que tuviese que trabajar aún más, ya que después de hacer las primeras modificaciones descubrí pequeños y complicados problemas que tuve que encarar. Era un trabajo monótono, aburrido y agotador. De algún modo era como mi propia versión del trabajo de mi padre a orillas del lago. Con todo, era necesario hacerlo.

En la versión final usé unos tornillos con muelle que tiraban de las piezas del centro de las caras, bajo tensión constante, hacia el centro. Estas piezas agarraban las piezas del borde y estas últimas, a su vez, agarraban las de las esquinas. Surgía entonces una especie de tensión superficial, como una formación redonda de capilares, similar a la de la gota de agua que flota en un estado de ingravidez. Tenía grandes esperanzas en este mecanismo tan simple y estaba seguro de que funcionaría.

A primera vista podría parecer que no estaba haciendo nada teórico, solo resolviendo un intrigante problema técnico con mis manos y mis ojos. Iba paso a paso: cuando me ocupaba de un problema técnico, surgía otro. Que si era demasiado pesado. Que si ahora era demasiado ligero. Que si las piezas se enganchaban. Cada vez era algo distinto.

Pero el resultado final, en sí mismo, no fue un logro técnico, sino algo más.

No piensas en aspectos técnicos cuando juegas con el Cubo. Juegas y punto. Lo que quieres es resolverlo, dominarlo. Y, sin embargo, ahí está, como un objeto que ha olvidado su pasado, igual que una persona que despierta y no es capaz de recordar sus sueños.

Recuerdo el momento en que cogí de la mesa el objeto final y, con mucho cuidado, empecé a girarlo. Parecía funcionar por sí mismo. Aquel era el momento que había estado esperando y lo disfruté... pero brevemente. Porque entonces me di cuenta de que el Cubo, como todos los recién nacidos, estaba desnudo. Sin adornos, la importante información que contenía era inaccesible, ya que las superficies visibles de cada elemento parecían ser idénticas. Y con elementos individuales no reconocibles era imposible seguir los increíbles movimientos del Cubo y percibir su vasto potencial. ¿Cómo podía nadie apreciar un cambio de orden si todas las partes eran iguales?

Había descubierto cómo romper la forma girándola y volviéndola a girar hasta su posición original, pero no podía ver qué es lo que había cambiado. Así que pensé que, para hacer que los cambios fuesen visibles, debía dar a cada elemento su propia identidad.

¿Qué tal si pintaba cada cara de un color diferente? Usé seis colores fuertes para hacer que todas las caras fuesen distintas, pero esto hizo que las piezas individuales fuesen también únicas. La pieza central de cada cara era de uno de los seis colores, cada pieza del borde era de dos colores y las de las esquinas de tres colores. La combinación de colores en cada pieza era diferente a la de las otras, y eran los colores de una pieza los que nos decían cuál era su posición correcta en el orden establecido. De entrada podía parecer que esto ofrecía alguna clase de guía para ir dando los siguientes pasos, pero esta información no era tan evidente para quienes solo estaban empezando su relación con el Cubo.

Mis decisiones finales se basaron en el conocimiento y la experiencia con los colores que había adquirido en las clases de Arte. Empecé con los colores primarios —o sea, amarillo, azul y rojo— y puse pegatinas de esos colores en tres caras vecinas. Entonces añadí el verde y el naranja, colores complementarios, y opté por pintar de blanco la sexta cara. No usé el morado porque no me pareció que encajara con el carácter masculino del Cubo.

También quería que la imagen en general fuese más viva, por lo que busqué que se crearan contrastes potentes. La homogeneidad estética del objeto, la sencillez del coloreado, tenían mucha importancia para mí.

Desde entonces he recibido bastantes sugerencias, basadas en principios distintos, sobre el uso de otros colores, pero creo sinceramente que ninguna de ellas, por interesantes que sean, mejoran mi versión original. Los colores tenían dos funciones: identificar cada una de las caras e informar sobre la posición de las partes individuales en la solución. Es decir, su posición no intercambiable, fijada en el espacio y en el tiempo. Su punto fijo en el universo del Cubo. Entonces el color de fondo de todo el Cubo, sobre el cual colocaría los otros colores, era aún una pregunta sin respuesta.

Tras pintar el Cubo, me propuse seguir el movimiento de cada pieza y observar cómo se relacionaban entre ellas. Pensé que sería fácil, que solo tendría que memorizar lo que viese. Para empezar, le di dos vueltas y me sorprendió comprobar que un giro lo cambiaba todo, pero después de darle dos vueltas más sobre ejes distintos me pareció que devolverlo a su estado original aún era demasiado fácil. Se parecía a la experiencia, a veces estimulante y a veces exasperante, de estar perdido en una ciudad extraña. Podemos recorrer unas pocas calles y ser capaces de volver sobre nuestros pasos con facilidad, pero entonces cruzamos un par de calles más, giramos a la izquierda o a la derecha y el punto de inicio cada vez parece más lejano, hasta que caminamos un poco más y entonces encontrar nuestro hotel nos resulta ya imposible. No hay duda: nos hemos perdido. Hay un episodio en *En busca del tiempo perdido*, de Marcel Proust, en el que el padre quiere inculcar al hijo la importancia de volver al punto exacto de partida de donde han salido (en este caso, su casa) tras una larga y confusa caminata por campos, parques y bosques. Un paseo en el que el narrador siente que está lejos, muy lejos, de su hogar.

Si renunciamos a aceptar que nos hemos perdido, nos iremos extraviando aún más a medida que nos alejemos del punto en el que empezamos.

Cuando tienes el Cubo entre las manos hay dieciocho movimientos diferentes a tu disposición para crear un nuevo orden. Puedes dar uno, dos o tres cuartos de vuelta (90 grados, 180 grados o 270 grados) en las seis caras (6 x 3 = 18). El cuarto cuarto de vuelta no crea ningún cambio y te devuelve al punto de partida.

Imagina una habitación con dieciocho puertas. ¿Cuál abrirías? Sea la que sea, no importa, porque, tras elegir una, te encontrarás en una habitación similar con otras dieciocho puertas. No hay un solo camino entre habitaciones, pero cuando llegues a una nueva te encontrarás otra vez con diecisiete puertas más, una experiencia que se puede repetir hasta el infinito. Sin embargo, basta con cruzar solo unas pocas de esas puertas para perderte por completo.

Volvamos al Cubo. Después de tres giros ya me resultaba más difícil, aunque todavía muy posible, volver sobre mis pasos. Pero después de cuatro o cinco giros la cosa se empezó a poner interesante. Incluso desconcertante. Me di cuenta de que era increíblemente difícil volver a la base: cada vez que pensaba que me estaba acercando, en realidad me alejaba. Ordenar una cara no era complicado, solo había que ir algunos movimientos por delante, como en el ajedrez, pero cuando intentaba completar las otras empezaban las dificultades de verdad. Intenté ir paso a paso, la táctica tradicional de resolución de problemas, pero enseguida me di cuenta de que este enfoque, sencillamente, no funcionaba.

Lo más interesante era que no podía progresar en un área sin arruinar mi progreso en las otras. Y esta es una experiencia fundamental: *para construir a menudo hay que empezar por destruir.*

No solo tenía que lidiar con el carácter tridimensional de los movimientos, sino que, además, sucedían muchas cosas distintas a la vez. Era imposible seguirlo todo, vigilar todos los componentes simultáneamente. El reto que me presentaba un objeto tridimensional de movimientos tridimensionales no tenía precedentes. Hiciera lo que hiciera, solo podía ver tres de las caras del Cubo al mismo tiempo, así que dependía de mi memoria para cartografiar sus territorios de colores.

No había vuelta atrás.

Había definido mi problema original de un modo muy claro: los veintiséis cubos externos se mantenían unidos y podían moverse libremente.

Al principio disfrutaba observándolo. Era maravilloso ver cómo los colores se mezclaban de forma aleatoria después de solo unos giros, pero, como sabe cualquier turista que haya ido de excursión a un sitio exótico, después de pasar un tiempo admirando el paisaje, lo que quieres es volver a casa. Así que tras asombrarme un poco más tuve suficiente y quise volver a poner los cubos en orden. Fue en ese momento cuando me di cuenta de que no tenía ni idea de lo que estaba pasando. Pero ni idea en absoluto.

¿Qué tenía que hacer para devolverlo a su estado original? La puerta, que parecía abierta, había resultado estar cerrada con una llave oxidada que alguien había tirado por ahí mucho tiempo atrás. O, mejor aún, era una llave que había sido lanzada al futuro.

Obviamente, debía ser posible volver al punto de inicio. Si revertía mis movimientos desharía el enredo, ¿no? Al menos en teoría. Sin embargo, descubrí mis limitaciones muy rápido, porque después de cinco movimientos al azar el retorno me pareció casi imposible.

En este punto debo decir que mi intención nunca había sido la de crear un rompecabezas. La búsqueda de una solución era un fin en sí mismo. Yo solo había trabajado en una idea para resolver un problema que se me había ocurrido a mí, una actividad bastante inocente sin plazos ni categorías. Y cuando te sumerges en una actividad así, cuando te centras en resolver un problema o en crear un proyecto, no necesitas una palabra que la describa. Quizá después de obtener un resultado puedas empezar a comprender, pero, cuando estás inmerso en algo, no tiene sentido hacerse estas preguntas porque el proceso no tiene una respuesta definitiva y es lento, difícil, enigmático y, a veces, doloroso. Al final, cuando has conseguido algo, te espera la experiencia de saber que has terminado. Lo lograste. Ya puedes dormir. ¿Y qué haces después? Lo normal es poner el resultado en la estantería, pero a veces te queda la sensación de que podrías ir aún más lejos.

Los momentos de impotencia son los primeros momentos de creación.

Había creado un caos y me sentía impotente por no poder volver atrás. No había antecedentes. Cero. No podía buscar la solución en ninguna parte. Estaba encerrado en una *escape room* que yo mismo había creado, pero las reglas no estaban escritas. ¡Qué idiota! ¿Cómo podía haber imaginado que no habría problema en volver al orden inicial después de mezclar un poco los colores? Fui la primera persona en enfrentarme a un Cubo desordenado y descubrí que, como sabrá cualquiera que se haya enfrentado a uno, ordenarlo no iba a ser ni fácil ni rápido.

Tenía la sensación, difusa e indefinida, de que lo conseguiría si hacía esto o aquello o si probaba esto o esto otro, pero cuanto más volteaba y giraba, más dudas me asaltaban. Poco a poco caí en la cuenta de que había invertido mucho más tiempo en intentar volver al punto de partida que en perderme.

Es raro que sueñe y aún más que tenga pesadillas, pero hay una que es recurrente: estoy en una ciudad extraña y no encuentro mi hotel; camino por calles desconocidas durante lo que parecen ser horas y cada estoy vez más nervioso y preocupado. Perderse es algo que le puede suceder a todo el mundo. Vagamos y vagamos esperando que esta situación solo sea temporal, pero poco a poco nos sentimos más inseguros respecto a nuestra capacidad de salir intactos del problema. Y entonces nos damos cuenta: hemos pasado más tiempo tratando de volver que perdiéndonos, incluso aunque las distancias, al menos en teoría, fuesen las mismas.

Y eso me sucedió con el primer Cubo desordenado: me encontré en medio de un paisaje totalmente desconocido en el que debía solucionar problemas que ni siquiera habrían existido si no hubiera creado el Cubo. O, mejor dicho, si no hubiera creado las posibilidades para que esos problemas se manifestaran. Los colores estaban en ese momento tan mezclados que cualquier sentimiento de triunfo que hubiese sentido al principio al crearlo se había convertido ya en desánimo. Era como intentar descifrar un código secreto que yo mismo había creado pero en el que no podía penetrar.

Este estado de desorientación suele tener una causa: no tenemos una visión clara de la totalidad del terreno en el que nos movemos. En el bosque, los árboles obstruyen nuestra perspectiva. No nos dejan ver el bosque, así es el dicho. En la ciudad, donde los edificios con frecuencia tapan nuestro camino, sucede algo similar. Y en nuestra vida personal, un problema doloroso puede ocupar todo nuestro campo de visión, bloquear nuestra perspectiva y eliminar el contexto. En el caso del Cubo, la visión también tenía sus obstáculos, porque, pese a tenerlo en mi mano, no podía ver todas sus caras a la vez. Era como un arquitecto que da vueltas alrededor de un edificio sabiendo que es imposible alcanzar una perspectiva completa.

Es probable que muchos cientos de millones de personas hayan compartido esa misma experiencia en los más de cuarenta años que han pasado desde ese momento. Y, al igual que ellas, entonces yo no tenía la menor idea de si estaba cerca del objetivo o no. Pero tenía cierta esperanza. La lógica dictaba que debía haber alguna manera de llegar a la solución.

La mayoría de la gente, como decía, ha pasado por mi misma experiencia de estar perdido en tu primer encuentro con el Cubo, pero ahí sigue, acechando en la distancia, como un animal oculto tras árboles de hojas susurrantes. ¿O quizás es el viento? Tal vez esté ahí, en el crepúsculo. Lo único que nos consuela es la certeza de que hay una manera de resolver el enigma. Para mí, sin embargo, ese objetivo era de todo menos obvio en aquel momento.

No podía entender si me resultaba tan difícil imponer orden en el desorden por culpa de mis propias limitaciones personales, de mi falta de perseverancia e inteligencia, o porque el desorden era tal que quizás el problema no podía ser resuelto únicamente mediante la inteligencia humana. Por supuesto, al instante algo me dijo que esto era absurdo.

Todos sabemos lo frustrante que es no ser capaz de ver algo con claridad incluso cuando todas las pistas están ahí delante, a plena vista. Y también conocemos esa sensación de encontrar por fin un lugar en el que te sientes a gusto y tener miedo a dejarlo por si, con el tiempo, se vuelve inaccesible. Sin embargo, no hay más antídoto contra el miedo que rendirse a la experiencia de estar perdido. Este persistente y recurrente estado de ansiedad es una oportunidad para preguntarse cosas nuevas y del todo distintas, más grandes y más desafiantes. Quizá nuestro viejo instinto de cazador revive en cuanto aguzamos nuestros sentidos, algo que sucede cuando estamos físicamente perdidos. Buscamos con más cuidado, escuchamos con más atención, quizás incluso detectamos el rastro de un olor familiar. En estas situaciones lo primero y más importante es frenar la ansiedad, porque ni siquiera cuando nos enfrentamos a las más extraordinarias circunstancias —una ventisca, una tormenta en el mar— estamos perdidos del todo.

Pero yo no era capaz de encontrar una dirección con el Cubo y ninguna brújula me servía de guía. Y, aun así, sabía que no debía preguntarme si era posible encontrar una solución, sino si era posible encontrar un método.

Qué misterioso es para un adulto observar a un niño. ¿Por qué es tan fácil para los niños hacer ciertas cosas que a los adultos nos parecen casi imposibles? Encontrar la solución del Cubo es técnicamente más sencillo si se tiene algunas nociones de matemáticas y principios geométricos, pero lo bonito es, sin embargo, que tener estas nociones no es en absoluto necesario. El Cubo puede introducirte por sí mismo en esta manera de pensar si te abres a observar, a descubrir y a explorar estos principios. Por eso a los niños se les suele dar mejor resolver el Cubo que a sus padres.

Aprender a solucionar el Cubo no es cuestión de conocer dos o tres trucos. De hecho, se han escrito tomos enteros sobre el tema, la mayor parte de ellos infructuosos. Sin embargo, hay en YouTube innumerables vídeos que muestran al espectador maneras fáciles de resolverlo y, si se busca en internet, se encontrará más de una guía para hacerlo paso a paso. Pero todos yerran el tiro: para resolverlo, debes enfrentarte a los principios que lo sustentan y, además, debes determinar cuál es tu propia relación con el objeto. Es una forma de introspección, aunque no sea consciente. Para crear un enfoque personal sobre las cosas es esencial tener paciencia, perseverancia y curiosidad.

Cuando me enfrenté por primera vez al desafío de poner orden en esa confusión de colores, me di cuenta de que necesitaba estar muy atento a lo que parecían ser percepciones sin importancia. Los detalles insignificantes tienen a menudo un gran significado.

El hecho de que los cubos del medio no se muevan, por ejemplo, puede parecer un hallazgo trivial, pero cuando todo gira alrededor de un eje, ese punto de estabilidad es muy útil. Entonces me pregunté si sería posible encontrar el verdadero norte usando los colores como brújula. Con el tiempo, de hecho, mucha gente ha descubierto que la mejor estrategia es ayudarse del color blanco.

Creo que una de las razones es que el blanco es el único no color en un sentido estricto. La gente suele tener problemas al elegir entre el amarillo y el naranja, o entre el naranja y el rojo, pero el blanco es un color que nos llama la atención de inmediato (no es por casualidad que el logo esté en la cara blanca). Me encanta el blanco. Es un color asociado a la pureza, de ahí los vestidos de novia y, en algunas culturas, a la muerte, pero para mí es un símbolo de la luz y del origen de la vida.

Lo que quiero decir es que todo esto tiene que ver con la propia orientación humana, con nuestra necesidad de encontrar alguna clase de punto fijo desde el que empezar.

En un sentido teórico, no hay jerarquía entre los colores. Pero, para encontrar un punto de partida, la percepción humana necesita que sí la haya. Es fácil perderse en el Cubo, por eso es tan valioso tener un punto estable. De hecho, hay un dicho de Arquímedes según el cual con un solo punto estable podrías levantar el mundo entero: «Dadme un punto de apoyo y moveré la Tierra». Del mismo modo, un punto fijo te puede servir de orientación con el Cubo.

Alguna gente piensa escribiendo. A través de la escritura son capaces de formarse una imagen más clara de las cosas, incluso de predecir cómo se desarrollarán. Yo no. Reconozco que es una técnica valiosa para encontrarle un sentido al mundo (la historia humana así lo atestigua), pero este es el problema: la mente de un escritor trabaja con abstracciones, y la mía, no. Yo soy un pensador concreto e intuitivo. Hay quien ha encontrado una solución al Cubo a través de algoritmos, sin ni siquiera tocarlo, pero yo, en cambio, me dejé guiar por mi intuición.

La intuición es una fuerza que no te empuja, sino que tira de ti hacia algo singularmente importante. Puedes llamarlo *inspiración*, *anticipación* o incluso epifanía, pero es un estado casi místico de la mente. Por muy perdido que estuviera en la tarea de imponer orden en el caos, también experimenté alegría, casi una especie de trance, cuando trabajaba con mis manos, dando forma a las cosas, tocando materiales, creando figuras táctiles, experimentando el proceso de encontrar la belleza atrapada entre la dificultad.

En 2010, mucho después de que el Cubo se hubiera hecho famoso y de que millones de personas lo hubieran resuelto, hubo una cosa que me dejó perplejo. Leí un artículo sobre un *speedcuber* de trece años del norte de Nueva York que acababa de ganar un torneo en el MIT. Decía que en noventa minutos podía enseñar a cualquier persona a resolverlo: «La gente cree que la clave es una mezcla de reconocimiento espacial, matemáticas e intuición, pero la verdad es que no tiene nada que ver con las matemáticas —dijo—. Yo solo pienso en el Cubo como capas o trozos de piezas más grandes y entonces lo hago. Las dos primeras capas son intuitivas, y a partir de ahí uso una secuencia de movimientos que ya conozco». Me impresionó la sinceridad con la que hablaba del modo en que se dejaba llevar por la intuición.

Para mí, la intuición es el proceso de reparar en algo y de seguir la importancia de ese algo más allá. Cuando la experimentamos, sentimos, más que sabemos, que alguna clase de fuerza tira de nosotros.

Los «solucionadores de Cubos» pueden dividirse en dos grupos: los que confían en la intuición y los que se valen de algoritmos. Los intuitivos tienden a ser neófitos y, en general, o son niños pequeños o son adultos mayores. Forcejean con el Cubo, lo observan, suelen tener un sentido perspicaz del diseño y, además, son de los que «piensan con sus manos».

No se puede funcionar tan solo con intuición, por supuesto, y hay expertos que consideran que quienes lo hacen al final acaban fracasando.

Luego tenemos el otro grupo, compuesto especialmente por adolescentes y adultos jóvenes. Estos dominan una variedad de algoritmos fiables y bien fundamentados que les proporcionan caminos hacia la solución. He descubierto que hay un enorme universo paralelo de vídeos de YouTube, wikigrupos y comunidades *online* del Cubo en distintos idiomas que ofrecen instrucciones algorítmicas para derrotar a mi rebelde y caprichoso hijo. Lo bonito de esto es que ilustra el hecho de que no hay una respuesta única —una certeza en tantos ámbitos de la vida—, sino una cascada de movimientos inherentemente complejos que son interdependientes respecto a otros movimientos.

En mis intentos por resolver el Cubo no pensé ni una sola vez en algoritmos. Tan solo me dediqué a prestar atención a unas pocas piezas e ignoré lo que le sucedía al resto. Mi intención era la de asimilar el resultado de una serie de movimientos tridimensionales usando diferentes ejes, y eso ya era suficientemente complicado. Me guie por mis instintos, pensé con las manos y usé toda la fuerza de mi intuición. Poco a poco aprendí a liberar piezas que estaban bloqueadas y también a gestionar la frustración de descubrir que ciertas piezas que yo pensaba que se hallaban en la posición correcta resultaban no estarlo.

Lo primero que hice fue poner cuatro esquinas en la posición correcta. Esto es algo que se puede hacer intuitivamente: solo necesitas saber qué quiere decir «posición correcta». Si empiezas por la cara blanca, como hace la mayoría, las piezas de las esquinas son blancas en su parte superior y sus lados coinciden con los colores de las piezas centrales vecinas en la capa media. Una vez conseguido esto, sostuve el Cubo con la cara blanca hacia arriba y determiné que esa era la «capa superior», es decir, que al fin tenía algo de orientación.

Pero dejadme que aclare qué quiero decir con «orientación».

En el nivel más básico, orientarse en el mundo del Cubo significa entender las relaciones entre los pequeños cubos del medio, lo que se conoce como la *cruz 3D*.

Si no hay orientación, entonces el Cubo es algo que está en cierto modo flotando en el espacio exterior. No sabes si está hacia arriba o hacia abajo porque no hay nada que te oriente. Sin embargo, cada uno de nosotros está en el centro de su propio universo. Cuando estamos de pie, sabemos que la Tierra está bajo nosotros, que el Sol está sobre nosotros y que nos rodean muchas cosas por delante, por detrás, a la izquierda y a la derecha. Sabemos que el frío viene del norte, y el calor, del sur; que el Sol sale por el este y se pone por el oeste. Todo esto lo damos por supuesto. Hace que nos sintamos en casa.

Pero no en el mundo del Cubo, un mundo extraño, desconocido, insólito y que se rige por sus propias reglas.

Acabé por darme cuenta de que uno de los desafíos a la hora de resolver el Cubo era entender la naturaleza de la orientación de los cubos. Descubrí que esto se daba en dos sentidos: cada cubo tiene su propio lugar en la cuadrícula de 3 x 3 x 3 y en él solo hay una posición correcta. Los bordes tienen dos posibilidades, mientras que las esquinas tienen tres.

El siguiente paso para solucionar por primera vez el Cubo fue colocar correctamente las cuatro esquinas restantes en la capa opuesta (es decir, la inferior). Las piezas de las esquinas ya estaban en la capa inferior, pero no en el lugar que les correspondía. No coincidían con la pieza central amarilla de la parte inferior ni con las piezas centrales verdes, rojas, azules o naranjas de los lados.

Aquí las cosas se ponen un poco difíciles, ya que tienes que encontrar una serie de movimientos que cambien solo lo que realmente quieres cambiar mientras el resto se mantiene en su sitio. Sin embargo, cada vez que ponía una de las piezas en orden, destruía el orden de todas las demás, algo con lo que podrá identificarse cualquiera que haya jugado con el Cubo. Mi reto era encontrar una serie precisa de movimientos que no resultara en el cambio de posición de todos los elementos. Encontrar dos o tres elementos que permanecieran fijos mientras los otros se movían constituía un gran avance.

Todo este proceso me recuerda a esa observación de Heráclito, el antiguo filósofo griego: «Si no esperas lo inesperado, no lo reconocerás».

Poco a poco encontré una serie de movimientos con los que podía intercambiar el lugar de dos esquinas mientras las otras seis se mantenían estables. No obstante, lo que trataba de hacer no era encontrar series de movimientos, sino movimientos que fuesen fáciles de recordar.

Sé que ahora puede resultar extraño imaginar que me hicieran falta varias semanas solo para sacar el orden correcto de las esquinas de un cubo de 3 x 3 x 3. Hoy en día hay niños de preescolar que son perfectamente capaces de hacerlo en cuestión de minutos.

Pero recordad: nunca antes había sido hecho.

La noción de un Cubo como este, desordenado como un puzle y con una solución clara, no había aparecido en la mente de nadie. Saqué tiempo entre la facultad, la vida social y la preparación de mis clases y, tras persistir mucho, completé las esquinas del 3 x 3 x 3. Ya solo me faltaban los bordes.

Resolver el 3 x 3 x 3 resultó ser una tarea muy complicada, pero descubrí que sería más fácil si antes solucionaba el 2 x 2 x 2. ¡Era la base del 3 x 3 x 3! De hecho, el cubo de 2 x 2 x 2 equivale a las ocho esquinas del 3 x 3 x 3. Es solo que no tiene una capa intermedia. Puedes elegir cualquiera de las orientaciones del 2x2x2 y todas parecerán iguales ya que hay esquinas pero no medios, pero aun así hay que escoger una. La de los colores primarios, por ejemplo: rojo, azul y amarillo. El récord del mundo en resolver un cubo de 2 x 2 x 2 lo estableció en 2016 un chico polaco de trece años llamado Maciej Czapiewski, quien lo hizo en menos de un segundo. En 0,49 segundos, para ser precisos.

Pero a mí aún me quedaba mucho por hacer hasta resolver el Cubo. Todavía no había conquistado los bordes.

¿Cuál es la razón de que nos sea tan difícil tomar buenas decisiones en la vida? A menudo la respuesta es la falta de información, lo que quiere decir que, cuanta más información recopilemos, más ayuda tendremos para decidir bien. No es el caso del Cubo: toda la información está ya disponible, nada está oculto. Otra dificultad para tomar buenas decisiones, quizá la más común hoy en día, es tener demasiada información: a veces ésta solo complica las cosas; en otras ocasiones, es directamente falsa. Pero, una vez más, este no es el caso. *El Cubo nunca miente.* Toda la información que necesitas está ahí mismo. Nada más, nada menos.

Entonces ¿cuál es el problema? El problema es la dificultad de encontrar solamente la información requerida para la tarea inmediata en cuestión. Hay que elegir un movimiento entre muchos, y eso es de todo menos fácil. En especial si lo haces de forma consciente. En el día a día participamos de movimientos en tres dimensiones de forma constante pero inconsciente, y es el cerebro quien nos guía sobre la base de infinitas experiencias pasadas. No prestamos atención a cómo caminamos, solo a dónde vamos. Para llegar a este nivel, los *speedcubers* necesitan entrenar durante muchísimo tiempo.

Basándome en mis primeras experiencias, sugeriría que un principiante empezara por esconder lo que no es importante. Puedes usar pegatinas negras y cubrir todo el Cubo de negro, excepto las piezas centrales, y quitar entonces las pegatinas de dos de las esquinas vecinas. Haz luego un par de movimientos aleatorios y trata de volver a ponerlas de nuevo la una al lado de la otra. Al poco tiempo empezarás a entender cuáles son los resultados de una serie de giros con ejes distintos y, además, tus dedos recordarán estos movimientos. Luego puedes descubrir las siguientes caras: primero, los tres lados expuestos de las esquinas, y después, los bordes. Sigue así y, finalmente, habrás conseguido un Cubo coloreado y resuelto del todo.

Si eres capaz de resolver el 2 x 2 x 2 (lo que implica que todas las esquinas están en su sitio), encontrar la manera de poner los bordes en sus lugares correctos se vuelve mucho más fácil. De hecho, acaba siendo posible hacerlo por intuición. Cuando encontré un algoritmo para girar los dos bordes 180 grados simultáneamente, de modo que se quedaran en su lugar sin cambiar nada más, terminé mi batalla por la solución con victoria.

Pero volvamos al punto de partida. Así podrás, una vez más, hacerte una idea de algunas de las razones de por qué odio tanto escribir: porque, por muy larga que sea la descripción de un algoritmo para resolver el Cubo, en lenguaje simple es prácticamente imposible describir los tipos de movimientos y cambios del Cubo sin tocarlo ni verlo. Nuestra mente no está preparada para hacer frente a algo que nunca antes ha visto o hecho, en especial en los problemas tridimensionales. Como ya he dicho, nadie puede ver los seis lados del Cubo al mismo tiempo (a menos que use un espejo). E incluso aunque lo gires, es imposible saber lo que eso puede significar si no lo ves en acción.

Cuando queremos mover una mesa en una habitación, simplemente la levantamos y lo hacemos. Pero en el caso del Cubo *lo que yo tuve que hacer fue mover la habitación.*

Es necesario entender qué es constante y qué es cambiante. Hablando en general, hacemos lo que nos resulta más sencillo. Si muevo una línea entera en cualquier dirección (tres cubos contiguos), de hecho, se queda quieta: la relación entre los cubos (o los colores) es constante. En este sentido, los pequeños descubrimientos, las fracciones de soluciones, fueron incrementándose de manera regular. Todos hemos pasado por la experiencia de perder algo —llaves del coche, dinero, gafas, pasaporte— para luego encontrarlo de repente solo volviendo sobre nuestros pasos, retrocediendo en el tiempo, reproduciendo las acciones que hicimos sin registrarlas conscientemente en ese momento. Sin embargo, perder un par de cosas —guantes o calcetines, por ejemplo, o pendientes— es una experiencia emocional por completo distinta. Encontrar la mitad de un par produce cierta sensación de alivio y una satisfacción limitada, pero nos frustra inmensamente saber que no está completo, que solo es un fragmento. Por eso, cuando por fin encontramos la pieza que falta, notamos una fuerte sensación de éxito. Esto fue tal cual lo que me pasó. Cuando encontraba un único elemento de la solución, trataba de entender cómo funcionaba y cuál era su posición en el todo. La repetición de movimientos me llevaría a lograr mi objetivo.

Y entonces, al fin, en un momento maravilloso e inolvidable, todo encajó. Me había hecho falta un mes entero para volver al punto de partida.

Lo miré. Todos los colores estaban donde debían. ¡Qué sentimiento tan fascinante! Era una mezcla de éxito y alivio. Y de auténtica curiosidad: ¿qué pasaría si lo hacía de nuevo?, ¿qué otros descubrimientos haría en el proceso?, ¿qué había aprendido de la loca naturaleza esencial del Cubo?

He leído algunos relatos de cómo descubrí la primera solución y casi todos me pintan como si hubiera estado viviendo día y noche con el Cubo, encerrado en mi habitación, obsesionado con vencer a tan obstinado objeto. Pero en realidad fue un pasatiempo. Las horas volaban. Iba a trabajar, veía a amigos, vivía mi vida, mantenía mis rutinas diarias y, mientras tanto, iba perfeccionando la estructura, creando nuevos modelos que funcionasen mejor. Cuando tenía tiempo, jugaba a resolver el Cubo. Sin embargo, al final me acabé involucrando mucho más y aprendí a solucionarlo más rápidamente. Entonces el Cubo empezó a dominar mi vida.

Pero eso sucedió un poco más tarde.

Unos seis meses después de haber parido esta creación de mi mente, me di cuenta de que había llegado el momento de pasar al siguiente nivel, de encontrar alguna manera de manufacturarlo, porque yo no era la única persona a la que el Cubo le parecía interesante. Los amigos y conocidos a los que se lo enseñaba caían tan rendidos como yo ante su carisma, y mi fascinación con este objeto era tal que deseaba que lo conociese más gente.

Las dificultades que tanto yo como los demás experimentábamos con el Cubo revelaban que los desafíos que presentaba no eran triviales en absoluto. Si no puedes resolverlo, no es porque seas tonto, sino porque el problema es de una complejidad extrema. Este placer intelectual es lo que, en suma, llamamos un buen rompecabezas. Un rompecabezas materializado, en este caso, en un objeto: ¡o lo ordenas o lo desordenas! Un rompecabezas que en sí mismo está contenido dentro de un objeto (al contrario de si, por ejemplo, te dieran cuatro cerillas y te dijeran que debes formar con ellas tantos triángulos como te sea posible). Si resuelves el Cubo, ya está. No hay otra razón para hacerlo más que probarte a ti mismo que eres capaz de superar el reto y que no te dejas intimidar por las dificultades o por la extraña naturaleza y complejidad del problema. Pensando en esto a medida que trabajaba en ello, me di cuenta de que los problemas del Cubo que exigían ser resueltos tenían muchas más dimensiones de las que creía.

Fue solo al observar a mis amigos mirándolo y tratando de entenderlo cuando se me ocurrió que lo que había hecho era algo más que una herramienta con el único propósito teórico de ilustrar movimientos en el espacio. Después de todo, quizá podía tener alguna posibilidad comercial. Pero en aquel momento nadie me lo dijo; no tenía amigos empresarios que me indicaran su potencial de mercado. Mi decisión fue intuitiva, instintiva, basada en la sensación de que el Cubo me parecía nuevo y original. Y si a mí, una persona normal, me gustaba, entonces a otra gente como yo también le podría gustar. A fin de cuentas, las personas normales somos la mayoría. Obviamente no hice ningún estudio de mercado, pero conocía un poco los puzles y rompecabezas que había disponibles y le vi potencial.

Lo que no tenía entonces era la fantasía de dejarlo todo, renunciar a mi trabajo, dar un giro de 180 grados y pasar el resto de mi vida creando fantásticos, increíbles e irresistibles rompecabezas. Mi visión era muy modesta. Tenía entre manos algo interesante y creía que no sería difícil manufacturarlo, así que ¿por qué no? Merecía la pena intentarlo.

Ya que el Cubo era un concepto nuevo, pensé que el primer paso básico sería patentarlo para protegerlo a él y a sus hipotéticos futuros compañeros. Es lo que hay, así que busqué un abogado de patentes. No son precisamente científicos, pero son casi tan meticulosos como ellos.

El abogado me pidió que dibujara el Cubo y que escribiera un texto con una descripción de mi invento. Os podéis hacer una idea de las ganas que tenía de escribirlo. Odié tanto esa parte que me llevó varios meses: creé el Cubo en la primavera de 1974 y no envié la solicitud para la patente hasta el 30 de enero de 1975. En ella describía el Cubo como «juguete lógico tridimensional».

Hungría era por entonces un país comunista, pero poco a poco se empezaba a permitir cierta iniciativa privada como pequeñas tiendas, restaurantes o granjas familiares. Los grandes empresarios eran los dueños de cooperativas industriales, en las que los trabajadores tenían parte de la propiedad, y las patentes eran para tecnócratas o para ingenieros mecánicos, químicos o eléctricos, pero no para artistas. Se consideraba que la arquitectura y el diseño estaban más cerca de las humanidades que de la ciencia, así que, del mismo modo que nadie habría patentado un poema, una composición musical o una pintura, nadie tenía la pretensión de patentar, en la mayoría de casos, un edificio o un objeto que funcionara bien.

Pero, gracias a mi padre, yo tenía cierto conocimiento de lo importante que podía llegar a ser una patente.

Algunos de sus diseños habían sido patentados, pero su trabajo no había recibido la recompensa que merecía la importancia que tenía en su campo. Cuando era pequeño, recuerdo que mi padre estuvo involucrado en una disputa legal por una patente. Demandó a una fábrica por un detalle relacionado con la construcción de uno de sus planeadores. La situación de mi padre era complicada porque hacía diseños aeronáuticos que implicaban la fabricación de nuevos planeadores y alas, pero aquí llega la parte espinosa del asunto: Hungría formaba parte del Pacto de Varsovia, un sistema en el que un país miembro solo podía manufacturar ciertos productos y tenía prohibido manufacturar otros. Dada la importancia militar de la industria aeronáutica, el control que ejercía la Unión Soviética en este campo era muy estricto.

Pero, a la vez, los planeadores en los que estaba especializado y cuyos diseños tenía patentados eran cruciales en el entrenamiento de pilotos. La disputa giró en torno a un detalle que había patentado y que solo era una pequeña parte de un planeador de su invención. Apenas tenía importancia y valor con respecto al conjunto, pero a mi padre le pareció que era un detalle por el que merecía la pena pelear. Pretendía dejar claro que aquellos que creen que no hay ningún problema en separar la idea de su originador están equivocados. Los tribunales le dieron la razón, pero su victoria fue más simbólica que monetaria. Aun así, los símbolos importan.

Al fin, el 28 de octubre de 1976 la patente húngara del Cubo fue publicada y registrada. Lo único que se me pidió durante todo el proceso fue que explicara las diferencias entre mi juguete y un juguete francés que ya estaba patentado. La respuesta era sencilla: solo tenían en común que ambos eran tridimensionales (el juguete francés era una variante del puzle conocido como *cruz china*). Las semejanzas terminaban ahí. El anuncio por fin apareció en la *Gaceta Húngara de Patentes* y más tarde me llegó el documento oficial que confirmaba el registro. Llevaba una cinta roja, blanca y verde, los colores de la bandera de Hungría, y un imponente sello de lacre. Sentí una cierta satisfacción. *Ante mí tenía la prueba de que había hecho algo que nadie había hecho antes.*

Mientras esperaba la patente, empecé a pensar en cómo manufacturar mi invento en un país pequeño que no tenía una particular inclinación por la fabricación de juguetes. Las cooperativas industriales dedicaban una parte insignificante de su producción a fabricar juegos de mesa, pelotas, muñecas y juguetes sencillos que solo se exportaban en pequeñas cantidades. Una de las lecciones fundamentales que se aprenden como arquitecto es la importancia de los materiales, de su funcionamiento, de su respuesta ante las tensiones y ante el entorno.

En los talleres de la facultad trabajé con diferentes amigos que me ayudaron a probar diversos materiales, lo que naturalmente implicaba utilizar herramientas distintas. Hay tipos de plástico tan peculiares, tan fuertes, que necesitas el tipo de maquinaria profesional que utilizarías si trabajaras con metal. Y da resultados muy precisos. Si la idea se me hubiera ocurrido hoy, las impresoras 3D habrían hecho que el proceso hubiese sido muy diferente... y desde luego más rápido. Al principio trabajé con una goma dura, no tan flexible como una banda elástica, que era fuerte, robusta y de color negro, pero luego opté por el plástico. El proceso para fabricar el Cubo pasaba por hacer un «moldeo por inyección», que es justo lo que su nombre indica, es decir, inyectar un material fundido, en este caso plástico, en un molde con una forma determinada. Era una tecnología capaz de producir a gran escala con precisión milimétrica y sabía que con ella podría fabricar un Cubo duradero y de alta calidad, pero no se movía como se supone que se tenía que mover el plástico, así que necesité la ayuda de algunos amigos en diferentes talleres. Finalmente, conseguí hacer mis primeros prototipos. Eran ligeros, resistentes, baratos y fáciles de moldear. Sabía que la sencillez del Cubo haría que fuese fácil de producir. Cuando me puse a buscar fabricantes, les llevé mis modelos.

La sencillez y la facilidad de fabricación son para mí dos conceptos estrechamente relacionados: si algo es sencillo, será fácil de fabricar. Yo quería mejorar el Cubo hasta un punto en que funcionase a la perfección, por lo que el número de errores posibles debía reducirse al mínimo. Hacer un Cubo sencillo aseguraría, además, que fuera barato. De este modo, su producción sería rentable para el fabricante y el vendedor, y asequible para el consumidor.

Básicamente, mis diseños estéticos suelen ser erróneos, precisamente, por la parte de la sencillez. Los objetos no deben tener nada redundante ni decir de sí mismos más de lo que son: deben ser sinceros. Yo no inventé las reglas de construcción del Cubo, solo las reconocí.

Una vez que decidí usar el plástico como material, hice modelos de plástico blanco y negro antes de encontrar a un fabricante. Tuve suerte y me llevó poco tiempo encontrar una cooperativa que pudiera moldear por inyección, aunque a una escala modesta. Fabricaban tableros de ajedrez con sus piezas y juguetes de plástico para el mercado húngaro.

No les di los diseños y ya está, sino que, siendo como soy una persona estricta —supongo que esta es otra cosa que tengo en común con mi padre—, creí que era imperativo que mis instrucciones fueran claras y precisas. Había muchas decisiones que tomar. ¿Cuál sería el grosor óptimo del material? ¿Qué tipo de plástico sería mejor? La fabricación de plástico es todo un mundo, así que sabía que cuando llegara a cierto punto necesitaría dejar que los expertos hicieran su trabajo. Mi máxima preocupación era saber cómo afectaría todo al resultado final, en especial porque la exactitud geométrica es una característica clave del Cubo.

Esto no solo tenía que ver con la precisión de las mediciones, sino también con la de su forma definida. Sus caras paralelas son exactamente paralelas. Sin embargo, la propia naturaleza del moldeo por inyección hace que sean preferibles las formas cónicas. No quería que esa tecnología hiciera cosas que no podía, pero luché por reducir los aspectos irregulares hasta el punto en que estos últimos no parecieran serlo. Si examinas tu Cubo a fondo y lo sostienes a contraluz, notarás que hay pequeños huecos en los cubos adyacentes. Estos pequeños huecos muestran que las dos superficies en contacto no son perfectas —y nunca lo serán— y que, en ese sentido, la luz puede atravesar el Cubo en parte.

Otra característica básica del Cubo es su solidez.

Con esto no quiero decir que el Cubo sea de verdad sólido, sino que debe dar esa impresión. Solidez y formación cerrada me resultan conceptos similares. Aunque sabemos, por ejemplo, que una pelota y una jarra están huecas por dentro, la pelota parece tener más sustancia comparada con el vacío de la jarra. Para lograr esta impresión de solidez era importante que los colores y la construcción del Cubo no pareciesen endebles de ninguna manera. Cumplir con este deseo requería de un elemento adicional en el proceso de fabricación: había que construir una pequeña tapa para cerrar la cavidad y, por tanto, también una herramienta especial que se encargara de ello.

El peso es otro factor que afecta a la impresión de solidez. Las cosas que son ligeras como la brisa no evocan solidez o estabilidad porque así es como funcionan la psique y la percepción humanas. Pero estaba claro que debía ser lo suficientemente ligero como para que fuese fácil manejarlo sin que importara si el jugador era joven o viejo.

Era esencial evitar la impresión de que era algo barato y frágil. En este sentido, el material era muy importante. Y, por desgracia, las primeras series de cubos fueron sorprendentemente pesadas. Las siguientes fueron algo más ligeras, pero el Cubo, en cualquier caso, siempre ha sido más pesado que los juguetes de su tamaño y material a los que estamos acostumbrados. Cuando observamos un objeto, todos tenemos expectativas de cómo será cuando lo sostengamos. Su aspecto y nuestra experiencia con objetos hechos con un material similar nos harán creer que tenemos una idea muy aproximada de lo que sentiremos cuando lo cojamos. Todos conocemos juguetes que de algún modo tienen trampa: por ejemplo, el ladrillo de plástico que parece pesado pero luego es ligero como una pluma, o esas mancuernas que tienen algunos niños y que parecen ser de veinte kilos, como las que encontrarías en un gimnasio, y que sin embargo no pesan nada. Puede parecer que el Cubo es liviano y que está compuesto de pequeños elementos huecos, pero, de hecho, tiene mucha más sustancia de la que la gente espera.

Otro detalle importante de la fabricación tenía que ver con la perfección formal del Cubo. Una de sus características geométricas es que sus caras son planos, así que cualquier detalle que rompa o altere este plano trastorna su imagen. En las primeras series, debido a las irregularidades en el llenado de las dos mitades del molde, las líneas centrales eran un poco irregulares, al igual que los contornos de la pequeña cavidad que rodea al cubo del medio, que es el último elemento que se introduce en la construcción interior. Los colores tapaban estos pequeños defectos pero, aun así, afectaban a su apariencia. Al menos en mi opinión.

Podemos esconder estos pequeños fallos, pero si el objeto no es perfecto nos lo dice a gritos, y sucederá que tarde o temprano las imperfecciones exteriores modificarán la imagen interior del objeto. Lo de dentro debe tratarse con la misma escrupulosidad estética que lo de fuera.

También había asuntos importantes que resolver respecto a los tornillos y muelles que mantienen unido al Cubo. Para producirlo en masa, debíamos encontrar la fuerza apropiada —los muelles, tornillos y métodos de ensamblaje correctos— que nos asegurara que la tensión que lo mantenía todo unido era la necesaria, ni más ni menos. La clave era conseguir que no se desmontara y que, sin embargo, fuese fácil de manejar. Quizás estos detalles no parezcan tan importantes, pero para mí lo eran y lo siguen siendo. Yo quería que este objeto fuese, en tanto que producto, tan preciso como un instrumento científico, y que estuviese ejecutado con la misma perfección y el mismo cuidado que un objeto hecho por un escultor no figurativo. Mis expectativas tenían en parte su origen en mi creencia de que el hecho de que el Cubo fuera un juguete no quería decir que fuese algo inferior o que con eso se pudiera justificar una fabricación de pacotilla.

Cuando manufacturas un producto, necesitas saber qué clase de demanda esperas y también la magnitud y el ritmo de esa demanda. Con los productos nuevos esto se hace, obviamente, con estimaciones aproximadas. Y cuanto más nuevo y original sea el producto, menos fiables serán las estimaciones. Por eso decidí pedir ayuda a la empresa mayorista más grande de Hungría, para que me dieran una idea aproximada de esto. En el mercado húngaro de juguetes, me dijeron, vender entre diez y quince mil unidades se consideraría un gran éxito. Y aunque estimaron que el Cubo vendería unas diez mil unidades el primer año, creí que, para empezar, lo mejor sería que la cooperativa fabricara solo cinco mil.

Sigue siendo magia incluso aunque sepas cómo se hace.

Terry Pratchett

A finales de 1977, casi tres años después de haber solicitado la patente, apareció en las jugueterías húngaras un producto llamado *Büvös kocka*, o 'Cubo Mágico', que venía empaquetado en una sencilla caja azul. Bautizar mi creación no me resultó difícil. Al principio ni siquiera se me ocurrió incluir mi propio nombre —eso sucedería después—, por lo que mi intención solo fue la de ser literal y sugestivo a la vez. Sí, obviamente era una forma geométrica, pero también mucho más. Tenía relación, de un modo natural, con el *cuadrado mágico*, ese antiguo rompecabezas en el que hay que llenar una cuadrícula de 3 x 3 con los números del 1 al 9 de modo que las sumas equivalgan a 15. Lo mágico era cómo te atrapaba, cómo te hechizaba cuando jugabas y te peleabas con él. También tenía presentes esas cajas negras de los magos en las que los objetos desaparecen sin explicación solo para reaparecer transformados en palomas o conejos.

En la caja venía una nota escrita por mí que decía:

Este juguete para niños y adultos mejorará su pensamiento lógico y su sentido del espacio. Los veintiséis pequeños cubos de colores pueden ser organizados no desmontándolos, sino volteándolos en posiciones prácticamente infinitas. Cada uno de los seis colores puede mezclarse de muchas maneras en cada cara. El objetivo del juego es hacer caras de un solo color, lo que quiere decir que cada cara deberá ser de un color único y distinto. Organizar varias caras simultáneamente es un problema muy difícil y solo puede resolverse descubriendo las leyes que gobiernan cada movimiento. Ordenar una cara en quince o veinte minutos es un resultado muy bueno que muestra una gran habilidad lógica. Observe de qué manera cambian de lugar los elementos tras giros distintos en direcciones diferentes. Las leyes que descubrirá de este modo serán su guía para encontrar la solución.

Te habrás dado cuenta de que decía que había veintiséis cubos cuando, en realidad, hay veintisiete piezas. El núcleo oculto era un misterio desde el principio.

No hubo ni presupuesto para publicidad ni campaña de promoción. Sin embargo, el Cubo, silenciosa pero continuadamente, fue encontrando a sus consumidores.

Alguien compraba uno y muy poco después adquiría otro para regalarlo. Lo compraban los padres para los cumpleaños de sus hijos y también los coleccionistas de rompecabezas, que no podían resistirse cuando tropezaban con él. Los niños que lo recibían como regalo de Navidad pedían ayuda a sus padres (porque los padres lo saben todo) y éstos acababan tan absorbidos por el Cubo que los niños terminaban por suplicarles que les dejasen jugar.

Entre 1977 y 1980 el Cubo empezó a tener una vida independiente. Hizo amigos por toda Hungría, viajó dentro de paquetes y maletines, y los turistas que visitaban el país, o los húngaros que se desplazaban al extranjero a visitar a familiares, se lo llevaban en su equipaje junto a otras delicias húngaras como las salchichas o el vino Tokaji. También recorrió Europa dentro de las mochilas de estudiantes que hacían autostop por el continente e incluso fue visto al lado de las notas que utilizaban algunos científicos para dar conferencias en el extranjero.

En 1978 mi rompecabezas ganó un premio en la Feria Internacional del Comercio de Budapest. Era la primera vez que se reconocía «oficialmente» que el Cubo era algo especial. Ese mismo año el Ministerio de Cultura me dio su premio anual, lo que me pareció interesante, porque fue el primer indicio de algo en lo que no había pensado pero que acabó siendo uno de los aspectos más poderosos de la identidad del Cubo: era un significante cultural.

No obstante, por muy gratificantes que fueran, estos premios no se podían comparar con el asombro que sentí al ver a tanta gente hechizada por el Cubo: a finales de 1979 se habían vendido trescientos mil Cubos en Hungría y cincuenta mil fuera de ella. Teniendo en cuenta que Hungría tenía diez millones de habitantes, estas ventas eran extraordinarias. Algo que solo sucede una vez en la vida. Casi podría decir que en 1979 Hungría era adicta al Cubo.

Pero.

Aquí llega otro pero.

Presentar este producto al mercado exterior no fue ni fácil ni rápido. De hecho, todas las grandes empresas jugueteras internacionales lo rechazaron. Dijeron que era demasiado difícil y que no se ajustaba a la idea común de lo que era un rompecabezas y de lo que hacía que un juguete se vendiera. Les intimidaba que la solución pareciera fácil, pero luego fuese tan compleja. Entender el objetivo del juego lleva menos de un minuto, pero se tarda toda una vida en dominarlo.

Quizás algunos de los comerciales de esas empresas jugaron con el Cubo, se frustraron y asumieron que a nadie más le gustaría. ¿Quién sabe? En todo caso, subestimaron las ganas de ser retados tanto de los niños como de sus padres. Y tampoco entendieron lo adictivo que era.

Los rompecabezas solo son, en general, una pequeña fracción del mercado del juguete. De hecho, antes del Cubo ni siquiera se podían comprar en una juguetería, pero sí en el tipo de tienda que vende souvenirs. La impresión era que una empresa juguetera que se tomase en serio a sí misma no vendía rompecabezas.

Y aquí llega el giro argumental.

Las naciones pequeñas a veces son muy grandes.

Cuando sus miembros están dispersos por todo el mundo, se crea una especie de red informal. Aunque no nos conozcamos, los húngaros estamos conectados por nuestro imposible idioma (al parecer no emparentado con ningún otro) y, cuando estamos en el extranjero, a menudo establecemos conexiones que jamás se habrían dado en casa. De algún modo, esas conexiones acaban pareciendo más profundas de lo que lo son en realidad.

Recorrí en soledad el camino del Cubo desde su concepción hasta su parto y desde el problema hasta la solución. Y también tuve que arreglármelas por mi cuenta para encontrar fabricantes en Hungría y para convencer a empresas estatales de que debían distribuir el producto.

Pero si el Cubo se convirtió en un éxito global, fue porque conocí por casualidad a un verdadero socio.

Se llamaba Tom Kremer y había nacido en Transilvania (entonces parte de Hungría y ahora de Rumanía). De niño sobrevivió al Holocausto, escapó a Suiza y más tarde empezó una nueva vida en Israel. Luego se mudó al Reino Unido y se casó con una mujer estupenda, miembro de la famosa familia Balfour.

Tom era un hombre testarudo, inteligente y curioso cuyos intereses iban de la literatura a la educación y de la política a la filosofía. Por suerte para mí, entre sus numerosos intereses estaban los juegos y los puzles y por eso había montado en Londres una pequeña empresa que invertía en nuevos juguetes. La llamó Seven Towns, en recuerdo de Transilvania (pues así se llama esta región en alemán, Siebenbürgen, 'Siete Ciudades'), y la convirtió en una compañía de moderado éxito que, además de trabajar directamente con inventores, vendía ideas a grandes empresas jugueteras de todo el mundo.

Tom acudía a la Feria del Juguete de Núremberg cada año desde que abrió su empresa. También en 1979.

Allí oyó a un empresario que hablaba húngaro —o alemán con mucho acento— y se paró a escucharlo y a entenderlo, algo que nadie más hizo.

El empresario estaba tratando, sin éxito, de despertar algún interés por un rompecabezas imposible, llamado Cubo Mágico, que al parecer era muy popular al otro lado del Telón de Acero, en Hungría. Los profesionales serios no le prestaban atención, pero este aficionado a los juguetes de Kolozsvár, Transilvania, se enamoró a primera vista. Fueron la presteza de Tom y su inquebrantable fe en el potencial del Cubo las que hicieron que se convirtiera en un éxito internacional... más de una vez. Convenció a Ideal Toy, una enorme empresa estadounidense que había tenido problemas en el pasado, para que apostara fuerte por el Cubo, y esta compañía, fundada por la pareja que en 1903 había inventado el oso de peluche, firmó un contrato para vender un millón de Cubos al otro lado del Atlántico. Años más tarde, cuando las ventas se hundieron después de la primera locura colectiva, Tom fue tan listo como para recomprar los derechos del Cubo para Seven Towns. Y esperó y esperó pacientemente hasta que por fin pudimos relanzar la marca. Seven Towns fue la casa del Cubo durante tres décadas, hasta que Tom se jubiló. Su hijo heredó el negocio y decidió montar una nueva empresa dedicada en exclusiva al Cubo de Rubik. Tom Kremer murió en 2017, pero su increíble logro de llevar el Cubo a la gente sigue vivo.

En 1980, Ideal Toy había empezado a distribuir el Cubo, pero aún no tenía un plan de marketing. Y no les entusiasmaba el nombre «Cubo Mágico» porque era imposible de registrar y esa era la clave para proteger el producto cuando se convirtió en un éxito internacional. Como dijo Shakespeare, «¿qué hay en un nombre?». En este caso, la respuesta era que había demasiado, así que Ideal Toy se puso a trabajar en otras opciones.

Estas ideas fueron rechazadas. La mejor palabra, la más exacta, es una que sea completamente autorreferencial, pero *mágico* y *cubo* ya aparecían en el nombre de muchos juguetes. Y por eso en algún momento del proceso Ideal Toy acabó sugiriendo que usáramos mi nombre para el producto. Por entonces yo tenía entendido que, para que te aceptaran un nombre como marca registrada en Estados Unidos, no debía aparecer más de diez veces en el listín telefónico de la ciudad de Nueva York, como muestra de su rareza. Resultó que era mentira, pero de todos modos me dijeron que «Rubik» había pasado esa prueba. Mi nombre funcionaba: era corto, fresco, raro pero no exótico, y fácil de pronunciar en diferentes lenguas. Aún hoy es reconocible en cualquier acento, no tiene relación con ningún personaje famoso y no es común. Tiene, además, una bonita cadencia de uno-dos y algo casi onomatopéyico en esa *b* —que sugiere ritmo y movimiento— y un tono de bordes afilados en la *k*.

Ideal Toy me envió una carta de autorización que aún debo tener por algún sitio:

A cambio de un dólar (1,00 $) y de otras contraprestaciones, cuyo acuse de recibo se reconoce por la presente, yo, Ernő Rubik, doy mi consentimiento para el uso y registro de mi nombre como marca por Ideal Toy Corporation, 184-10, Jamaica Avenue, Hollis, Nueva York, 11423, en juegos, a saber, rompecabezas.

Y las cosas tomaron su propio curso. El 10 de enero de 1980 fui al notario y firmé este documento, pero aunque entendía la importancia del hecho de poner un nombre —después de todo, yo ya tenía un hijo por entonces—, en aquel momento no aprecié todo su significado. En retrospectiva, mi ignorancia sobre este tema parece extraña, pero los seres humanos somos imperfectos y eso es lo que nos hace perfectos. La verdad es que, si algo no tiene nombre, no existe para nosotros. Darle uno lo distingue y nos ayuda a entenderlo en relación con cualquier otra cosa. He de decir que nunca se me había ocurrido ponerle mi nombre al Cubo. Para mí, todo esto no era más que una formalidad a la que accedí porque no quería bloquear un proceso que parecía ser el acostumbrado.

Echando la vista atrás, creo que habría tenido dudas si hubiese pensado un poco más en lo que sentiría al ver mi nombre impreso en decenas de miles de cajas, pero no lo hice. Kierkegaard ya dijo que «la vida solo puede ser entendida hacia atrás, pero debe ser vivida hacia delante».

Y como ocurre con tantas cosas que están destinadas a suceder, el nombre del Cubo parece lógico pero, de nuevo, solo en retrospectiva.

Entre 1980 y 1983 pasaron demasiadas cosas demasiado rápido. En estos años la cadena que me unía al Cubo se tensó más y más y, a su vez, lanzado al mundo, él empezó a vivir una vida mucho más independiente. Recorría su propio camino, y yo iba tras él. Me costó tanto mantener la cabeza por encima del agua, con todas las peticiones de viajes y apariciones públicas que recibía, que, por mucho que quisiera dar detalles de este periodo, no podría porque en mi mente solo son un borrón.

Pero sí recuerdo que en enero de 1980 recibí mi primer pasaporte azul. Como vivíamos tras el Telón de Acero, los húngaros no podíamos movernos libremente. Muchos teníamos pasaportes rojos, que nos permitían viajar por los países comunistas hermanos y para entonces yo había visitado varios países de Europa del Este. En mis días de estudiante había ido a esquiar con frecuencia a Polonia, a un resort cercano a Bielsko-Biała, y había pasado algunas vacaciones de verano en las playas de Bulgaria y Yugoslavia, nadando en el Adriático y el mar Negro. Conocía las regiones bálticas por un viaje de estudios a Alemania Oriental y gracias a un programa de intercambio de estudiantes fui a Moscú y a San Petersburgo (entonces Leningrado). Occidente, sin embargo, no era una opción. Necesitabas un pasaporte azul y solo algunos húngaros, diplomáticos en su mayoría, tenían uno. Durante mi infancia viajar por Occidente sencillamente no era posible y, pese a que en mi juventud la cosa se había relajado un poco, nunca me lo pude permitir.

En aquellos años el comercio exterior era monopolio del Estado. Una sola empresa gestionaba las relaciones con Occidente y compraba y vendía —aunque sobre todo compraba—. Cuando firmé el contrato con Ideal Toy, se me pidió que viajara a Estados Unidos y a otros países occidentales para hacer una demostración del Cubo y explicar qué era, así que entregué a las autoridades una fotografía y una tarjeta de identificación y me expidieron el pasaporte. El Cubo despegaba y, con él, mi oportunidad de ver mundo. Viajar a la Gran Manzana con mi nuevo pasaporte azul supuso emprender mi primer vuelo transatlántico, mi primera visita a Estados Unidos y el primer viaje de negocios de mi vida.

Me pareció un milagro. O, para ser más preciso, quizás un cuento de hadas.

El propósito de mi viaje era acudir a la Feria Norteamericana Internacional del Juguete de Nueva York y presentar lo que por entonces ya se llamaba Cubo de Rubik al mercado estadounidense. Ideal Toy quería lanzar el producto con una campaña importante y tener al inventor allí mismo —un tipo con un inglés tan fascinante, o sea, tan limitado y con tanto acento— parecía una buena oportunidad de llamar la atención. Hay ferias en todo el mundo —Londres, París, Valencia, Tokio, Nueva York y Núremberg— y todas son distintas, pero, por desgracia, se celebran solo para los profesionales de este negocio y no para los niños, a quienes se priva así de la oportunidad de ver miles de juguetes en un solo lugar.

Mi trabajo en Nueva York era asegurar a los interesados en el Cubo que era posible solucionarlo. La feria parecía un circo y yo era parte de un espectáculo de magia que consistía en resolver el Cubo. Llevaba seis años haciéndolo, así que para entonces se me daba bastante bien.

Después de mis primeros experimentos, había inventado un sistema: primero resolvía las esquinas sin prestar atención a nada más. Luego solucionaba otra capa, cualquiera, y esa decisión *ad hoc* dependía de aquella a la que me dedicara. Lo siguiente que hacía era resolver la cara opuesta. Daba los últimos pasos en la zona del centro.

Puede que mi manera de hacerlo no sea la más rápida. Parece muy simple pero, aun así, para llegar a la solución hay que dar bastantes pasos. Sin embargo, no tengo ninguna intención, hoy por hoy, de buscar algunos de los atajos que se usan tanto ahora. Una razón importante es que soy un vago. ¿Por qué debería esforzarme en algo cuando ya tengo una manera perfectamente válida de hacerlo? Otra razón es que no tengo buena memoria. Recuerdo algo solo si considero que es importante. Me acuerdo de las caras, por ejemplo, pero no de nombres, lugares o ciudades.

Si nos sentásemos ahora mismo, es probable que pudiera resolver el Cubo en un minuto, una buena marca para un principiante. Sin embargo, hay niños que lo pueden hacer en segundos. Ni en medio minuto ni en un cuarto de minuto: algunos *speedcubers* pueden resolver el Cubo en menos de la décima parte de un minuto. A nadie se le ocurre ir hoy en día a una competición de este tipo si no es capaz de resolver el Cubo en no más de quince segundos.

Pero entonces, durante mi primer viaje a Nueva York, mucho antes de que hubiera niños profesionales y semiprofesionales de la resolución de Cubos, no era fácil encontrar a alguien que pudiera demostrar en público que era posible resolverlo. Además, la empresa pensó que tener al propio Rubik acompañado de su objeto quizá no era la peor de las publicidades.

Mi llegada a Nueva York fue emocionante, pero también todo un impacto. Mi inglés entonces no era muy bueno —sigue sin ser mucho mejor—, así que no me resultaron muy sencillas ni las entrevistas con los medios ni las reuniones con empresarios asistentes a la feria. Solucioné el problema respondiendo a las preguntas que creía que deberían haberme hecho en lugar de a aquellas que me habían hecho de verdad. Es decir, que hablé con total libertad de lo que yo pensaba que era importante con independencia del tema que me hubiesen planteado. Y aunque mi inglés mejoró un poco con el tiempo, esta siguió siendo una estrategia ganadora.

En esa enorme feria de juguetes había una zona dedicada solo al Cubo. Ahí estaba yo, junto a Cubos de muestra que estaban disponibles para quien quisiera uno. Antes de ir allí jamás habría podido imaginar que la industria juguetera tenía una envergadura tal o que hubiese tanta gente que se la tomase tan en serio.

No ser capaz de solucionar un problema es la mejor publicidad de ese problema, como sabemos por tantos problemas matemáticos famosos que han necesitado, o siguen necesitando, cientos de años para ser resueltos.

Y quizás ese fue el motivo por el que mi viaje a Nueva York atrajo tanta publicidad. El caso es que unos meses después, cuando el Cubo llegó a las tiendas, mi invento se disparó hasta llegar a la estratosfera. ¿Cómo sucedió? ¿Qué fuerzas convergieron para crear un fenómeno cultural tan masivo? Hoy por hoy, sigo sin tener ni idea. Lo que sí sé es que poco de lo que sucedió tuvo que ver conmigo, en especial en la parte empresarial. Obviamente, fue importante la singularidad del Cubo, su habilidad para atraer a gente de todas las generaciones y culturas, pero su rápido ascenso fue impulsado por los esfuerzos de unas cuantas personas que advirtieron su potencial al instante y creyeron que el mundo también lo vería.

De algún modo, el Cubo se convirtió en una locura. Quizá sucedió por las historias que se contaban sobre él, porque podías llevarlo a cualquier sitio o porque era llamativo para personas de toda edad, sin distinciones de ninguna clase, o puede que el motivo fueran las numerosas falsificaciones, pero de repente pareció que estaba por todas partes.

En los tres años siguientes a la firma del contrato con Ideal Toy se vendieron cien millones de Cubos en todo el mundo. El 12 de junio de 1981 llegó al número 1 de la lista de más vendidos del *New York Times* una guía para resolver el Cubo que llevaba por título *Mastering Rubik's Cube: The Solution to the 20th Century's Most Amazing Puzzle*, de Don Taylor, y tres semanas después apareció otro libro, *The Simple Solution to Rubik's Cube*, de James G. Nourse, que se convirtió en el libro más vendido de 1981. Se despacharon seis millones de copias solo ese año, algo que ningún otro título de la editorial Bantam Books había conseguido tan rápido. De hecho hubo algún libro sobre el Cubo en la lista de más vendidos durante treinta y seis semanas seguidas. El 24 de enero de 1982 llegó a haber seis.

La demanda era tan alta que nunca fue posible que las fábricas de juguetes se pusieran al día. El Cubo fue portada de la revista *Scientific American* en marzo y de *Time* en diciembre, por no mencionar el torrente de artículos en prensa y las apariciones en la televisión.

Por aquel entonces se publicó un libro en cuya cubierta salía una mano esposada a un Cubo. El chiste era, obviamente, que el Cubo era tan adictivo que podías acabar convirtiéndote en su prisionero, pero para mí ese chiste era un poco más personal. Hasta ese momento yo había vivido mi vida como una hoja llevada por la brisa, pero ahora me llevaba un huracán y no era fácil mantener el equilibrio en medio de la tormenta. Ni siquiera tenía dinero; los beneficios económicos llegaron después. No recibía un sueldo y tampoco había un contrato en el que se especificase qué me correspondía. En principio debía cobrar derechos de autor, pero en aquel momento solo eran expectativas, proyecciones. Yo aún era muy joven y no tenía experiencia financiera. Mi estrategia básica, entonces como ahora, era asegurarme de que nunca gastaba más de lo que tenía. Me alegró que me pagaran el viaje y que me dieran dinero para los gastos del día a día, pero no lo necesitaba porque no tenía tiempo para gastarlo. Ni necesidad de gastar dinero ni dinero que gastar. La vida así era perfecta.

Pero el fenómeno del Cubo llegó a todo el mundo. Aquello ya no tenía que ver conmigo como individuo, era mucho más grande. No obstante, estando en el ojo del huracán no me di cuenta de que me encontraba en el centro de lo que podríamos llamar una «locura colectiva». En la guerra, cuando hay una batalla, los soldados no tienen una perspectiva real de lo que sucede. Están demasiado cerca. Solo con la distancia del tiempo, o con un avión para sobrevolarlo, se puede uno hacer una idea de la totalidad de un acontecimiento. Puede que en aquel momento yo estuviera de moda, pero ¿qué significaba eso exactamente?

Ni lo supe yo ni lo supo nadie hasta que se terminó. Lo único de lo que yo era consciente entonces era de que tenía peticiones para ir aquí y allí y a todas partes. En julio de 1982, Douglas Hofstader escribió un segundo artículo sobre el Cubo en *Scientific American* en el que respondía a muchas de las preguntas que se me hacían normalmente:

Querría terminar hablando de la asombrosa popularidad del Cubo —escribió—. La gente a menudo se pregunta: «¿Por qué es tan popular?, ¿durará o es solo una moda pasajera?». Mi opinión personal es que sí durará. Creo que tiene un atractivo básico, instintivo... y creo que el Cubo, y los rompecabezas en general, florecerán. Tengo la esperanza de que aparezcan nuevas variedades y de que enriquezcan nuestras vidas. Es muy satisfactorio que un juguete que desafía de tal modo a la mente haya sido un éxito mundial.

Como profeta parecía ser excelente, ya que en este caso logró visualizar el futuro. Y yo seguí la llameante cola de su cometa.

Eso sí, lo cierto es que a finales de ese año lo que parecía era que Hofstader... se había equivocado.

La moda terminó tan bruscamente como había empezado. Hubo un momento en que pareció que todo el mundo escribía sobre el Cubo, hablaba sobre el Cubo, pensaba en nuevas estrategias para resolver el Cubo y tenía o quería un Cubo. Y de repente, a finales de 1982, pareció que el mundo había perdido por completo su interés.

El *New York Times* escribió el obituario oficial cuando en octubre de 1982 anunció: «Esta moda ha muerto». La ironía fue que ese mismo año se celebró en Budapest el primer (y, durante mucho tiempo, el último) Campeonato Mundial del Cubo de Rubik. Tuvo lugar el 5 de junio de 1982 y compitieron representantes de diecinueve países. La mayor parte competía con la intención de ganar. Como había jugadores norteamericanos, al ganador le esperaba un cheque enorme. De manera literal: el cheque era físicamente grande para poder enseñarlo ante las cámaras. En esa clase de situaciones lo que suelo hacer es mirar todo el tiempo el reloj para saber cuándo se acabará y podré irme.

No volvió a celebrarse un evento así hasta veintiún años después. Nuestra sensación, a finales de 1982, era que se estaba desmoronando todo lo que habíamos conseguido, que mi joven descendiente solo había sido la flor de un día y que lo que nos esperaba era el triste y lamentable destino de los otros habitantes de la Isla de los Juguetes Abandonados: las piedras mascota, los peluches Beanie Babies, el Elmo Cosquillas... todos habían tenido su momento bajo el sol y todos habían terminado en la basura. Por supuesto, estaba preocupado. Nada me había preparado para el éxito y nada, tampoco, me había preparado para el fracaso. Pero ese fracaso no era mío.

Si echo la vista atrás veo que el fracaso no tuvo nada que ver con el Cubo en sí mismo, sino con el modo en que funcionaba un mundo empresarial global que nunca había estado a la altura de la demanda de los mercados internacionales. Como resultado, aparecieron imitaciones y falsificaciones por todas partes. Su fabricación era pobre, su diseño defectuoso y sus materiales muy baratos, pero aunque todo esto me consternaba debo reconocer que sentí cierta admiración por la osadía de aquellos que, en especial en China, habían robado mi producto y se habían lanzado con él al mercado. Naturalmente, estas versiones no solo eran baratas en su manufactura, sino también en su precio, lo que provocó que la versión «oficial», más cara, languideciera en pilas y pilas de cajas sin vender.

El mercado se saturó. El Cubo había entrado en los hogares de muchas familias que habían comprado uno, o más de uno, para todos los miembros de la casa, niños y mayores sin excepción. De manera que el Cubo, sencillamente, necesitaba tiempo, al menos hasta que apareciese una nueva generación. Una moda es como una fiebre: no puede durar y, además, necesita ser calmada. Pero cuando se está de moda, nadie piensa estratégicamente en qué sucederá dentro de cinco o diez años. La inmediatez de la demanda requiere tanta atención que todo lo demás es invisible.

Todo esto lo veo ahora, desde la distancia. Pero entonces el colapso del mercado me pareció algo muy difícil de entender.

Había ganado algo de dinero gracias a los derechos de autor. Y tener un excedente de dinero no era nada normal en la Hungría de 1982. Menos normal aún era invertirlo en tu propio trabajo, que es lo que hice. Fundé el Estudio Rubik, una pequeña cooperativa para el diseño y el desarrollo de tecnología, y compré una antigua propiedad de la Iglesia para usarla como taller. También creé una fundación para inventores y diseñadores. Constaba de dos programas. El de los inventores tenía como misión ayudar a aquellos que tenían ideas, pero no un lugar en el que desarrollarlas ni tampoco las conexiones necesarias para encontrar socios e inversores. El otro era para ayudar a estudiantes, jóvenes diseñadores, a que viajaran fuera de Hungría y exploraran el mundo del diseño.

La fiebre del Cubo me había obligado a dedicarme a él en exclusiva, así que me había tomado una especie de año sabático en la facultad. Ahora me tocaba volver a dar clase.

También trabajé en algunos proyectos nuevos y resucité algunas ideas que había tenido antes de que el Cubo empezara a dominar mi vida.

La Serpiente era un producto que hice antes del Cubo. Un día, para una exposición artística, creé una serpiente de madera de color rojo y azul. Era un juego de construcción muy especial porque no consistía en organizar espacialmente diferentes elementos de distinta manera —LEGO es un ejemplo perfecto de esto: hay elementos, encajan entre ellos y pueden formar una construcción—. En vez de eso, los elementos de la Serpiente están todos conectados y solo puedes voltear los elementos vecinos relacionados entre sí. Además, cada elemento es un cubo cortado por la mitad en diagonal. La regularidad de los elementos y de las conexiones provoca que lo que hagas con ella tenga un carácter geométrico.

En cierto sentido, se parece al Cubo: es geométrico y se puede retorcer. Pero no hay una solución formal. Puedes establecer patrones de formas y crear un número enorme de combinaciones. Puedes hacer un perro, un gato, una escalera, una pelota y, por supuesto, una serpiente. Tu fantasía es el único límite. Aunque no se ha hecho ningún análisis matemático de todas las configuraciones posibles, creo que en ese sentido la Serpiente tiene cierta clase de sofisticación. Hay gente a la que el Cubo le parece enloquecedor y que, sin embargo, puede pasarse horas y horas jugando con la Serpiente.

La versión clásica consta de veinticuatro elementos de dos colores, mitad y mitad, igual que sucede con las veinticuatro horas del día, la mitad luz y la mitad oscuridad. La Serpiente supone un desafío, pero no es un rompecabezas. Un rompecabezas se basa en una pregunta precisa que requiere de una respuesta precisa; sin embargo, la Serpiente ofrece muchas respuestas distintas a una pregunta que no existe. El Cubo, en cambio, tiene una única respuesta, pero la cantidad de caminos que llevan a ella es enorme.

En la era a. C. (antes del Cubo), la Serpiente no era un producto comercialmente viable, pero después de que el Cubo saliera al mercado la empresa que lo fabricaba en Hungría decidió hacer una versión (patentada). Al principio Ideal Toy no quiso venderla, así que durante un tiempo se vendió bien en Hungría y algunos países vecinos, pero nada en Occidente. Ahora forma parte de una línea de productos Rubik llamada Rubik's Twist. Las falsas se venden con el nombre de Serpiente Mágica y tienen una gran variedad de colores y tamaños.

También hice un puzle plano conocido como Rubik's Tangle (el 'enredo' o la 'maraña' de Rubik).

Todas sus piezas tienen una forma idéntica, pero el coloreado de cada una es único. El propio juego, a través de unas cartas de plástico, te muestra con imágenes todas las combinaciones posibles. Algunas, por ejemplo, parecen cuatro cuerdas de cuatro colores en las que todos los lados deben estar conectados por las cuerdas, de modo que dos conecten con los lados vecinos, y las otras dos, con los opuestos. Hicimos cuatro juegos distintos de veinticinco piezas añadiendo un duplicado y, si puedes encontrar una solución concreta, podrás hallarlas todas juntas llenando un cuadrado de 10 x 10 x 10.

Con el juego básico también puedes tratar de cubrir la superficie de un cubo de 2 x 2 x 2 haciendo que las cuerdas del mismo color estén conectadas, formando así cuatro bucles sin fin y con una única solución.

Ahora, este periodo de mediados de los ochenta no me parece un fracaso, pero sí una especie de hibernación en la que aprendí lecciones importantes.

Me quedó claro entonces que, si algo merece de verdad la pena, pasará quizá por un periodo inicial de éxito, pero después vendrá una época en la que no sucederá nada. Sin embargo, la parte realmente importante es esta, la que viene después del éxito y del fracaso. Es una oportunidad para evaluar qué ha ocurrido y qué errores se pueden haber cometido (¿no hay siempre errores que solo podemos ver con el tiempo?). Necesitamos paciencia y persistencia para darle a nuestras creaciones la posibilidad de que hibernen, revivan y puedan ser descubiertas otra vez, de que tengan una nueva oportunidad con un *zeitgeist* distinto. El tiempo no es algo con lo que nos debamos pelear, sino algo que debemos aprovechar del mismo modo en que respiramos aire. Es parte de nosotros, no nuestro enemigo.

Fracasar nunca es agradable, por supuesto, pero creo que es un componente esencial de cualquier esfuerzo de aprendizaje activo y, por tanto, algo muy positivo intelectualmente, aunque sea doloroso en el aspecto emocional.

No hay nada más instructivo en la vida que el fracaso. En muchos sentidos, es bastante más educativo que el éxito. Hay que tener la valentía de cometer errores porque sin ellos es imposible hacerlo todo bien. Nada es perfecto a la primera. Según mi punto de vista, la clave es ver el fracaso como parte del proceso creativo y tratar de comprender qué lo compone. Esto es mucho más sencillo si entendemos que el proceso es gradual, es decir, si entendemos que no debemos fijar la vista en un solo camino o en un solo objetivo, sino que a cada paso, a medida que progresamos, hay que ir variando el foco y dirigiendo nuestra curiosidad hacia elementos distintos.

La mayoría de veces es imposible aislar una sola variable como causa de un fracaso. Hay muchos elementos en la creación de cualquier cosa, sea una relación entre personas (una historia de amor, una amistad, un matrimonio) o un invento. En retrospectiva, es más fácil determinar por qué algo ha sido un fracaso que determinar cómo o por qué ha sido un éxito. Un pequeño motivo es que, por muchos análisis científicos que hagamos de los componentes del éxito, es esencial tener buena suerte. Hay un dicho en Estados Unidos que dice que uno crea su propia suerte, pero (hablo como un hombre muy afortunado) no creo que ese sea siempre el caso.

Si descubres por qué has fracasado, esta enseñanza puede contribuir a corregir tus fallos, aunque, por supuesto, no es una póliza de seguros que vaya a evitar un tropezón en el futuro.

Cuando cumplí los cuarenta en 1984, mi hija, Anna, tenía seis años; Ernő júnior, tres, y mi Cubo, que había sobrevivido a una infancia tempestuosa, ya había llegado a los diez. Nunca me han preocupado los aspectos simbólicos del envejecimiento, es decir, las famosas crisis de la mediana edad, pero debo ser sincero: mi transición a la madurez no estuvo exenta ni de desafíos ni de momentos de pararme a asumir la realidad. Era improbable que se repitiera el modesto éxito que había conseguido a los treinta, y solo entonces, cuando ya había pasado por la tormenta y la calma posterior, me sentí capaz de procesar lo que había sucedido. ¿Se había basado mi éxito en la gran popularidad comercial del Cubo o en el hecho, muy anterior, de haberlo descubierto y haber comprendido que era capaz de resolverlo?

Supongo que hubo un poco de las dos cosas. El éxito es un fenómeno muy extraño.

Al parecer todo el mundo quiere alcanzarlo, pero ¿qué significa? Las definiciones comúnmente aceptadas —mandar, formar parte de una élite, enriquecerse, ser admirado— pueden constituir lo que en general entendemos por éxito, pero para mí ni siquiera se acercan a rozar los aspectos y significados más importantes de este término. Hay otras definiciones, sin embargo, que se quedan más cerca del centro de la diana: «El éxito es realizar lo que has estado tratando de hacer», lo que significa que algo ha sido satisfactorio o que ha tenido el resultado esperado. Me identifico más con esta definición porque se basa en la relación entre el individuo y su trabajo, y no en cómo esa persona es considerada por la sociedad, o en cualquier ámbito público, lo cual depende de muchos otros factores que no tienen nada que ver con lograr algo.

Me fascinan las contradicciones y por eso me encanta el hecho de que el Cubo sea un saludable microcosmos de éxitos y fracasos.

Como producto, por supuesto, fue un gran éxito. Pero distanciémonos de las medidas convencionales del éxito, las más fáciles de calcular. ¿Y si el Cubo nunca se hubiera convertido en una sensación mundial? ¿Y si solo hubiera tenido un pequeño éxito en Hungría y luego hubiera desparecido? Yo habría seguido dando clases y diseñando, habría viajado menos y, con todo, habría continuado pensando que el Cubo era un gran logro.

Para mí la propia creación del Cubo, en sí misma, ya había sido un éxito. Cada fase del proceso contuvo minitriunfos y momentos de plenitud extraordinaria. Cuando fui capaz de conseguir que todos los cubos se mantuvieran unidos, por ejemplo, o cuando descubrí cómo hacer que se moviera en direcciones distintas, o cuando contemplé el desorden de los colores, o ese momento en el que, después de un mes de trabajo, fui capaz de resolverlo y de poner orden en el caos que había creado.

Es una experiencia de éxito muy especial al alcance de cualquiera, una experiencia que se ha repetido y se repite millones y millones de veces.

En *Popular Science*, alguien describió de este modo la sensación triunfante de resolver el Cubo por primera vez:

Al día siguiente, de vuelta en la oficina, no estaba segura de si me había valido para aprender algo. Si seguía practicando, ¿me serviría eso simplemente para ser muy buena resolviendo el Cubo de Rubik o para algo más? ¿Descubriría que había partes atrofiadas de mi cerebro que despertaban? ¿Que estaba desarrollando ciertas habilidades? No lo sé, pero el momento en el que vi que todas las piezas estaban en su sitio, que había restaurado el orden en ese desorden, mi mente estuvo en paz durante un rato. En vez de las preocupaciones normales de cada día, lo que me ocupaba la cabeza era una sensación de potencial sin fin.

Sé exactamente a qué se refería. Yo pasé por esa catártica experiencia hace casi cincuenta años, cuando solo era un joven encerrado en su cuarto, casi pobre (ganaba unos cien dólares al mes), que trataba de entender qué era eso que acababa de crear.

Lo normal en este mundo, no obstante, es cuantificar el éxito de otro modo: dinero.

El dinero está enredado en nuestra vida diaria, desaparece y aparece con mil disfraces distintos, y nuestra relación con él es tan complicada como la que tenemos con otras personas. Esto quizá no sea tan sorprendente si consideramos que nuestro mundo lo ha convertido en el símbolo del valor y del poder. Nuestras emociones respecto a él son contradictorias. Lo amamos y lo odiamos, lo respetamos y lo despreciamos, peleamos para conseguirlo y también renegamos de él. Las maneras de expresar nuestra relación con el dinero pueden ser diferentes según el país: los franceses lo «ganan» (*gagner*), los ingleses lo «obtienen» (*earn*), los norteamericanos lo «hacen» (*make*), los rusos «trabajan» por él (*работать*) y en mi lengua materna diríamos que lo «buscamos» (*keres*).

Nuestra actitud con el dinero es característica de cada uno de nosotros y también lo es la medida en que nos interesa conocer la situación financiera de los demás. Aceptar que el dinero es la mejor manera de medir el valor de las cosas lo convierte en una sencilla brújula para encontrar un camino en el mundo. Esto puede ser bastante conveniente, pero también es peligroso y erróneo. Implica vivir en la ilusión de creer que el dinero, por ser tan cuantificable, nos transmite un mensaje inequívoco. Nada podría estar más lejos de la verdad.

Una de las pocas ventajas de haber crecido en un país con un sistema económico comunista es la indiferencia general por el dinero. Aparte de los miembros del aparato del Partido, casi nadie tenía incentivos para trabajar duro porque los que se esforzaban mucho no vivían demasiado mejor que los que no. Y, pese a ello, había gente, como mi padre, que trabajaba muy duro. ¿Qué les impulsaba? ¿Y qué impulsa a cualquiera a sumergirse en un desafío tan frustrante y exigente como el del Cubo, un reto que no ofrece ningún beneficio más allá de su propia solución? Nunca ha dejado de maravillarme el misterio de la motivación humana. Cuando la supervivencia y el bienestar están asegurados, ¿por qué la gente se esfuerza sin descanso en ir más y más lejos?

El sorprendente éxito del Cubo me dio una vida cómoda antes de cumplir los cuarenta. Nunca he sido rico, pero siempre he tenido más de lo que necesitaba (que tampoco era mucho). Mi única «afición» cara ha sido la de construir las casas para mi familia del modo exacto en que yo quería y sin transigir con nada. Por otra parte, siempre he preferido la comida casera a los restaurantes finos y el lago Balatón a los viajes exóticos; durante dieciocho años he sido feliz conduciendo un Ford Galaxy hasta que hace poco lo cambié por un Golf eléctrico. Por tanto, ganar (más) dinero nunca ha sido para mí un incentivo para hacer cosas.

Otra motivación fehaciente de nuestra historia evolutiva es el ansia por conseguir ventajas comparativas sobre nuestros pares. Podemos aspirar a ser más ricos, más listos, más fuertes o más guapos que nuestros vecinos y colegas, o incluso más que gentes muy alejadas de nosotros a las que solo conocemos de verlas en la televisión. Por desgracia para mí, tampoco tengo este espíritu competitivo. Siempre he sido una persona un poco ermitaña, un introvertido, y nunca me he identificado con ningún grupo compuesto por gente con la que querría competir. He ganado algún dinero gracias a la industria del juguete, pero nadie me tiene por un profesional de ese mundo. No he tenido una carrera con altibajos. De hecho, nunca he tenido un oficio definido durante un periodo prolongado de tiempo.

Más allá de la fama, de la fortuna o de cualquier éxito relativo, hay incentivos nobles que motivan a cierta gente excepcional. Hay verdaderos héroes que persiguen su vocación sin descanso y luchan por combatir el cambio climático, eliminar la pobreza, curar enfermedades graves o mejorar el bienestar de los animales. Lamentablemente tengo que admitir que, aunque admiro a estas personas, no me cuento entre este selecto grupo. Siempre he tratado de ayudar a quienes me pedían consejo y he contribuido a proyectos educativos muy ambiciosos, pero eran otros quienes creaban esas instituciones, dirigían esas fundaciones o fomentaban esos talentos.

Así que ¿qué es lo que motiva a gente como yo, a los amateurs introvertidos y tranquilos sin objetivos a largo plazo y sin necesidades a corto?

Exceptuando a los psicópatas, todos sentimos cierta responsabilidad de ayudar y participar en los planes y prioridades de los demás, en especial si nos resultan cercanos emocional o socialmente. Por ejemplo, nunca me han gustado los actos publicitarios, las obligaciones formales o las reuniones de ventas en las que he tenido que participar para la promoción del Cubo. Sin embargo, mucha gente que había trabajado mucho dependía de mi presencia y de mi apoyo, así que les debía eso y más.

Recuerdo haber leído una vez algo sobre un concepto llamado *motivación intrínseca*. Algunos psicólogos lo dividen en tres aspectos: motivación por el conocimiento, los logros y la estimulación. Diría que, cuando uno se enfrenta al Cubo, estas tres motivaciones están presentes.

En el fondo, no obstante, mi motivación siempre ha estado anclada en la curiosidad infantil y en tratar de entender *cómo y por qué funcionan las cosas.*

Todos los niños están maravillosamente motivados y no hay nada igual a una lúdica curiosidad por aprender. En su hábitat natural, un león tiene poco que temer. Los machos adultos se pasan el día dormitando a la sombra y solo usan su valiosa energía si hay comida disponible (cazada y traída a casa por la hembra), para aparearse y para competir con otros machos. Pero fijémonos en los cachorros de león. Aún les falta mucho para dominar su mundo animal y juegan todo el día sin descanso, ajenos al calor y al hambre. Así es como adquieren tanto el conocimiento como las habilidades que asegurarán su supervivencia futura, cuando crezcan. Los seres humanos, por suerte, no tenemos que reservar nuestra energía para más tarde. Podemos permitirnos el lujo de jugar y ser curiosos durante toda la vida.

Sin embargo, pocos son los afortunados que conservan la curiosidad infantil cuando son adultos. *Puede que sea porque la motivación intrínseca disminuye por culpa de las recompensas ex-*

ternas. Cuando un niño empieza a estudiar solo para sacar mejores notas y no para sumergirse en preguntas abiertas, ha entendido que lo que importan son las notas, no aprender.

Las recompensas externas y los castigos son instrumentos sorprendentemente efectivos para cambiar las actitudes e incluso los deseos de la gente. Por tanto, quienes tienen los medios para ofrecer semejantes incentivos poseen también una responsabilidad enorme.

La escuela puede cultivar (o desanimar) los intereses de los niños en la dirección que la sociedad considere más útil. Y los propietarios de empresas pueden incentivar a sus ejecutivos para que dirijan su atención hacia lo que crean que es importante. Siempre funciona. Excepto por el hecho de que, si la escuela se equivoca, la sociedad puede perder a un gran artista a cambio de un contable mediocre. Y un gran negocio familiar puede acabar en la ruina si ejecutivos desapegados reciben incentivos poco inteligentes. Es en esta gran brecha entre motivación externa e interna donde es más útil distinguir entre amateurs y profesionales.

La satisfacción para un amateur está en la propia tarea, actividad o problema que tenga entre manos. A un profesional, en cambio, le guía la recompensa externa que le pueda proporcionar un éxito en su campo. Si desaparece la recompensa, o si se altera el equilibrio entre esfuerzos e incentivos, el profesional seguramente abandonará, pero para el amateur no cambia nada: si el problema le parece apasionante, seguirá con él. Hay momentos concretos en que un reto no es intercambiable por ningún otro. Eso es lo que mueve a un amateur.

Por supuesto, los factores externos pueden eclipsar los intereses de un aficionado .

Si un pintor con talento pero sin dinero trabaja en una obra de arte revolucionaria y le ofrecen una fortuna por una campaña de publicidad, quizá deje una cosa y se dedique a la otra.

Los incentivos pueden corromper tanto que hay que aplicarlos con el máximo cuidado, incluso aunque no dejemos de tener en cuenta las necesidades reales de la vida.

El gran poder de los incentivos sustenta a la mayoría de las organizaciones y a la sociedad en general. Para ser justos, también es lo que hace que los profesionales sean más fiables que los aficionados a la hora de cumplir con los plazos y de respetar los deseos de sus clientes. Un profesional te ofrece seguridad, pero con un amateur hay riesgos: puede presentarte una idea extraordinaria, pero también puede seguir un camino que solo tenga interés para él mismo.

Steve Jobs dijo una vez: «Tenía un millón de dólares a los veintitrés años, diez millones de dólares a los veinticuatro y cien millones de dólares a los veinticinco, pero no era importante, porque nunca hice nada de esto por el dinero».

Jobs levantó la empresa más valiosa del mundo y fue, sin duda, el diseñador y el evangelista tecnológico más influyente de nuestro tiempo. Sin embargo, a pesar de que ganó miles de millones, creo de verdad que no le interesaba el dinero. Tenía una visión muy clara de lo que quería conseguir y se dedicó a intentar hacer realidad su sueño transformador. Y para lograr esa clase de impacto necesitaba poder y fondos, pero solo como un medio, no como un fin en sí mismo.

Así que ¿era Steve Jobs un amateur? Aquí es donde la distinción se tambalea: su visión no era intercambiable por ninguna otra y, desde luego, no estaba dispuesto a modificar sus intereses por nada.

¡Era la quintaesencia del profesional con una motivación intrínseca!

Mi actitud con respecto al dinero siempre ha sido la de ignorarlo. Mi idea del dinero, si es que tengo alguna, es que resulta nocivo porque da preocupaciones y porque requiere de un esfuerzo especial para conservarlo y gastarlo bien. Y eso no es algo que me resulte muy inspirador.

A menudo pienso en una vieja historia sobre unos italianos, uno del norte y otro del sur. El del norte, muy profesional y emprendedor, va de vacaciones al sur y ve a un paisano intentando pescar. Se le acerca en un coche muy caro y empieza a conversar con él: le habla de sí mismo y del éxito que tiene y de cómo puede permitirse ir al sur a relajarse y pescar. El otro se encoge de hombros y le dice: «Yo llevo haciendo eso toda mi vida y aquí sigo. No tiene nada de especial». El del norte trabajaba duro para conseguir algo que el del sur daba por sentado.

Podemos medir el éxito de muchas maneras y el dinero es al parecer el baremo más fácil, pero a mí no me dice nada importante.

Ser inventor no es un trabajo normal. No puede serlo. La propia naturaleza de un invento es que es original, algo que lo hace extraordinario e impredecible. Ganar dinero es lo que convierte un trabajo en un trabajo, pero no se puede asignar un valor a lo que constituye la esencia de un invento: el concepto original. No porque sea más importante que un trabajo, sino porque es distinto.

Las primeras señales del éxito me pillaron por sorpresa. Ya en 1979 lo que ganaba con el Cubo era más que cualquier salario que hubiese recibido en mi vida. Mi cuenta corriente creció, algo que entendía de manera intelectual, pero aún tuvo que pasar mucho tiempo para que registrara emocionalmente las implicaciones de ese aumento. Me era difícil imaginar que aquello, de alguna manera, estuviera conectado con el propio valor del Cubo.

La gente habla de valor y precio y asume que son sinónimos. Tienen cierta relación, pero son conceptos lejanos.

Normalmente, cuando alguien empieza a ganar poco a poco más dinero, se adapta a las nuevas circunstancias y compra y hace cosas acordes a su nueva situación, pero el cambio de mi suerte fue repentino. Hay tantos ejemplos horribles de cómo una riqueza inesperada arruina la vida de cierta gente. Por ejemplo, ganadores de la lotería que despilfarran el dinero imprudentemente y que al final fracasan en mantenerse fieles a sí mismos. O artistas y profesionales de la creación cuya propia creatividad se ve afectada si el éxito llega cuando no están preparados. El dinero repentino puede matar tu espíritu. Las trampas son numerosas, algunas visibles y muchas invisibles.

Por alguna razón, me las he arreglado para evitarlas. Probablemente porque, como dije al principio, mi actitud con respecto al dinero ha sido la de ignorarlo. No es importante para mí. Cuando estaba sin blanca tampoco tenía problemas porque ya tenía lo que deseaba. Y, en mi opinión, una de las claves de la felicidad es no necesitar más de lo que eres capaz de asimilar. Supongo que hay quien podría decir que ese es un lujo solo al alcance de quien tiene dinero, pero lo cierto es que siempre he pensado lo mismo, incluso cuando vivía de mi salario de profesor. A fin de cuentas, siempre seré el hijo de mi padre, un niño que arrastra rocas de una orilla a otra solo para construir algo útil.

Rubik no es un apellido común ni en Hungría ni en ningún otro sitio, así que me llevó un tiempo acostumbrarme a verlo tan a menudo en tantos contextos tan distintos. En su momento incluso aparecieron «muebles Rubik» y toda clase de productos que no tenían nada que ver con el Cubo, excepto mi nombre. Es la naturaleza de la gente que trabaja en comunicación y marketing. Si llaman a algo «mueble Rubik», están usando mi apellido como adjetivo y no como nombre de una persona. Y ese adjetivo transmite... ¿qué? ¿Que su diseño es elegante? ¿Que tiene unos colores brillantes? ¿Que está relacionado con el Cubo y todo lo que implica? ¿Que si compras ese mueble te convertirás en miembro de un exclusivo Club Rubik?

Por supuesto, nada de esto es verdad.

Cualquiera puede ser famoso; incluso un asesino en serie lo es. Pero ¿qué significa la fama? ¿Que hay cierto número de personas que te conocen o han oído hablar de ti o saben qué has hecho y qué no?

Es paradójico. Todo el mundo parece conocer mi nombre, pero este ya no tiene relación conmigo como persona. Mi nombre se ha convertido en propiedad pública.

A medida que pasaban los años, este extraño fenómeno empezó a intrigarme como si fuera un tipo distinto de rompecabezas. Después de que un nombre se convierta en marca, ¿qué pasa con el ser humano con el que está conectado? Recuerdo leer una entrevista con Calvin Klein en la que decía que había conocido a mucha gente que no creía que existiera como persona. ¡Su nombre se había independizado por completo de él!

El Cubo pasó a formar parte de un pequeño club de inventos que llevan el nombre de su creador y que, con el tiempo, han dejado de tener, como el mío, una conexión personal con él. En este panteón están incluidos diésel (Rudolf Diesel, 1858-1913), macadán (John Loudon McAdam, 1756-1836), *thonet* (Michael Thonet, 1796-1871), *gillette* (King C. Gillette, 1855-1932) y birome (mi compatriota Lázsló József Biró, 1899-1985). Es extraño asumir que mucha de la gente que posee un Cubo no tiene ni idea de que realmente existe un hombre llamado Rubik... y mucho menos de que este está vivo.

Una cosa que sucede con la fama es que hay mucha gente que cree que te conoce. Tienen la sensación de que eres casi como un amigo o un vecino y se imaginan detalles de tu vida personal que pueden o no ser ciertos. Hubo un tiempo, por ejemplo, en que la gente pensaba que yo era la persona más rica de Hungría. En otro momento, sin embargo, pensaban que me había arruinado, que había tenido mucho dinero pero que lo había perdido por culpa de quienes me rodeaban. Los rumores empezaron a cobrar fuerza. Algunas partes de mi biografía fueron seleccionadas y exhibidas como si fueran hechos, aunque no tuvieran nada que ver con la realidad. Si el Cubo tiene asegurada su imagen pública —exigente, ágil, irresistible, adictivo—, la mía ha sido emborronada más allá de todo reconocimiento.

Siempre me ha desconcertado que haya gente desesperada por ser famosa. La fama no es algo que mi tipo ideal de persona desearía. Como la gran actriz Greta Garbo, que se ocultó después de haber alcanzado el estrellato, a mí también me gusta estar en la sombra. Naturalmente, hay gente que está claro que disfruta de vivir bajo los focos, que adora tener miles de fans y competir con otras celebridades por *likes* y seguidores. Algunas personas lo que en realidad buscan a través de la fama es poder.

Una vez, en los ochenta, una multitud me recibió al llegar a Japón. Algunas madres incluso me trajeron a sus hijos para que les diera la mano creyendo que así les transmitiría mi «poder». En aquel viaje visité varias grandes ciudades japonesas para hacer apariciones públicas en gigantescos centros comerciales. Desde el primer piso hasta el último, que era donde me sentaron, se acumulaba gente dispuesta a esperar mucho, mucho tiempo solo para conocerme. No sé cuántos eran, pero quizá miles de personas aguantaron con paciencia en una larga cola y, una detrás de otra, se me fueron acercando para estrecharme la mano. Me sentí un poco como si me hubieran metido en una jaula con un cartel que dijera: NO DÉ DE COMER A LOS ANIMALES.

Así era mi vida a principios de los ochenta. Y me pareció una experiencia perturbadora. Yo solo era un profesor de Arquitectura y Diseño en un país al otro lado del Telón de Acero y en aquel momento no existía la globalización tal y como la conocemos, con lo que no solo tuve que intentar comprender y asimilar el éxito, sino también todos esos sitios raros, peculiares y exóticos a los que me llevaban. A medida que la locura por el Cubo se extendía me fui convirtiendo en un producto que se exponía en ferias de juguetes y apariciones en los medios.

Me sentía extrañamente desconectado de todo eso. Puede que estuviera presente de manera física, pero el papel que adopté era más de observador que de protagonista. Así logré sobrevivir a esa clase de vida sin sufrir, más o menos, ningún daño. Me he esforzado por minimizar lo negativo y maximizar lo positivo, especialmente desde que la ola de la fama empezó a engullirme. Estuviera donde estuviese, me recordaba a mí mismo que aquella solo era una situación transitoria. Uno de mis dichos húngaros preferidos es: «Todos los milagros duran tres días». Este en concreto no solo ha durado tres días, o tres años, sino muchas décadas. Esa continuidad, año a año, especialmente después del cambio de siglo, no deja de maravillarme.

Nunca quise ser inventor. De hecho, nunca quise ser nada. No tenía ninguna visión de mi futuro personal. El presente me tenía ocupado.

Jamás se me ocurrió que ser inventor fuese una profesión. Me interesaban las matemáticas pero sabía que nunca sería matemático. Me gustaba la mecánica, crear instrumentos, desmontar y volver a montar cosas, pero sabía que no quería ser ingeniero mecánico. No quería tener ninguna profesión en concreto: las quería todas. Y probablemente ese deseo fue lo que me llevó a la arquitectura.

No se me conoce por nada que haya diseñado o construido, además de lo obvio. No hay cientos de edificios en mi colección de obras porque nunca fui un arquitecto de los que trabajan para un estudio. Yo era profesor y esa fue mi principal ocupación durante más de veinte años. Por supuesto, he participado en la construcción de algunos edificios, pero no son muy atractivos. Los que tienen más interés son los que he diseñado yo solo. Los hogares que he diseñado son todos una expresión de lo que soy, o de lo que era cuando los construí.

Como arquitecto y como diseñador he trabajado con equipos y con sistemas. Los miembros de un equipo necesitan entenderse porque tienen que ser capaces de comunicarse entre ellos. Debe haber una estructura en la que una persona sea la responsable de lo que los miembros del equipo hacen individualmente y, a la vez, de lo que hacen como parte del equipo. Trabajar con todos los componentes, con los demás especialistas y coordinar todo lo que implica crear un edificio: cuando esto va bien, se tiene la sensación de ser el director de una gran orquesta. El director debe saber cómo tocar cada instrumento aunque, con algunas notables excepciones, nunca lo vaya a hacer en público. Lo mismo es cierto para un arquitecto y un diseñador, incluso a pesar de que el número y la variedad de las profesiones involucradas en la construcción de un edificio sean mucho mayores, un proceso que se metamorfosea día a día. Siempre me ha encantado la colaboración, observar cómo elementos previamente desconectados se van conectando uno detrás de otro. Mi ambición nunca fue la de crear grandes espacios públicos, sino casas privadas, espacios que necesitan responder a las necesidades de las vidas diarias, las rutinas y los momentos íntimos de sus habitantes.

Me parece que muchos principios de la arquitectura y del diseño tienen más aplicaciones a la hora de gestionar los problemas que la vida arroja a nuestro paso. Para solucionar la mayoría de ellos, tanto en la vida como en la arquitectura, uno necesita saber cómo cooperar. El plan para hacer un edificio no es solo personal, sino que implica el intercambio de información, sea en forma de documentos o de dibujos. Es como en esa vieja historia sobre un grupo de ciegos que rodean un elefante y tratan de describirlo tocando partes individuales. La persona que intenta averiguar cuál es el perímetro de la enorme pata imagina que está ante un tipo extraño de árbol y la persona a la que le ha tocado la trompa cree que es una serpiente. Es necesario poder observar todas las conexiones entre elementos porque, sin ver su sistema subyacente, se vuelve casi imposible entender la realidad de algo.

Si recorres el interior de un edificio, nunca lo verás como un todo. Para poder hacerlo necesitarías sobrevolarlo. Puedes formarte una imagen de una estructura, pero para mí eso supone tener algo más que una impresión visual de su apariencia. También necesitas los contenidos. De hecho, para cuando hago los primeros planos de un edificio, ya lo he construido antes en mi cabeza.

Cuando diseño una casa para una familia, esta última se convierte en la parte más importante del equipo, tengan o no sus miembros conocimientos de arquitectura. Necesito aprender cosas sobre ellos y visualizar quiénes son y cómo habitan su espacio. Necesito conocerlos para entender mejor sus ideas, igual que ellos necesitan comprender las mías en mi papel de diseñador. Si esta cooperación funciona, el resultado será bueno. Me sentiré conectado a ellos como si fuera uno más.

He dedicado mucho tiempo a pensar en nuestro entorno edificado y en cómo nos afecta el ambiente, tanto personal como colectivo, que nos rodea. Ambos pueden ser una fuente de restricciones o de oportunidades. Porque para pensar en las grandes posibilidades de cultura y comodidad que ofrece una ciudad hay que tener en cuenta también sus limitaciones. Es entonces cuando ese entorno mayor proporciona la capacidad de crear otros más pequeños y personales: la arquitectura crea entornos dentro de otros, en general, ya existentes. Si tu trabajo es diseñar un hogar para una familia, lo óptimo sería que no hubieran elegido ya el terreno. Si es así, la oportunidad de formar parte de todo el proceso es una maravilla, pero un arquitecto puede incorporarse al proyecto esté en la fase que esté. Naturalmente, cuanto más tarde te unas, menos serás capaz de hacer. Hay veces que solo podrás echar un vistazo al interior y decidir sobre la iluminación, el color de las paredes y cuáles son las mejores moquetas y muebles.

El entorno edificado es, por supuesto, físico. Hablamos del espacio de una casa. Pero, a medida que se va convirtiendo en un hogar, además de físico se vuelve sentimental. Aparte de las cuestiones sobre materiales y estilo —¿madera o estuco?, ¿ladrillos o piedra?, ¿moderno o tradicional?—, hay otras más sutiles pero igualmente importantes. Porque, cuando uno mira por la ventana, ¿qué ve? Un entorno que no suele ser homogéneo, sino rico y cambiante. ¿Dónde está el sol? ¿Cuál es la orientación del edificio y qué supone eso respecto a la luz de la mañana y a la del atardecer? ¿En qué dirección sopla el viento y cómo caen las sombras? ¿Cómo hacer un espacio abierto y, sin embargo, protegido? ¿Cuál es la mejor proporción para hacer varias habitaciones?

A menudo vivimos en espacios en los que nos sentimos incómodos por razones que no sabríamos explicar. Los seres humanos somos complejos y tenemos gustos, preferencias y emociones muy distintos, pero el fondo del problema es el recurrente asunto de la ceguera espacial: no estamos entrenados para observar el mundo que nos rodea y saber cómo encajamos en él. En ninguna escuela se enseña a comprender nuestra relación con el espacio y a mirar para entender nuestro entorno. Como resultado, a menos que uno esté formado en arquitectura o diseño, o en campos como el arte o la coreografía, apenas sabemos qué hacer con nuestros espacios privados y públicos. No tenemos ni idea de lo que observamos ni tampoco de cómo observarlo.

De hecho, ¿qué significa sentirse en casa?

Los sitios en los que he vivido simbolizan momentos muy distintos en mi vida y en la de mi familia. Mi primer hogar fue un piso destartalado en el Gran Bulevar de Budapest. Viví allí primero con mis padres y más tarde con mi madre durante casi veinticinco años, desde los cinco hasta los treinta. Estaba en un tradicional edificio de apartamentos de Budapest de principios del siglo XX, con un patio interior rodeado de varias plantas de pisos. Los más caros y prestigiosos daban a la calle, y los más modestos, al patio. Tenía una escalera principal y otra de servicio, más pequeña y situada al otro lado, además de un ascensor. Nuestro apartamento era el de la esquina trasera.

Había sido mucho más grande, pero tras los cambios políticos posteriores a la Segunda Guerra Mundial lo trocearon. En origen el piso tenía un cuarto para la criada con una entrada aparte, al lado de una enorme cocina, y también un recibidor, un gran salón y un comedor. Había espacio para los padres y habitaciones separadas para cada hijo. El apartamento estaba en la primera planta, así que tenía una entrada separada desde un jardín con grandes acacias orientadas al sur, pero más tarde habían dividido el piso en dos casas para dos familias con dos entradas diferentes. El recibidor original fue muy habitación durante mucho tiempo. Después de que mis padres se divorciaran y de que mi hermana se fuera, yo ya estaba en la universidad y me quedé con la habitación de la esquina. De inmediato la convertí en mía. Construí una cama, pinté las paredes y puse una moqueta azul en el suelo.

Mi padre se había mudado a su propia casa tradicional, con altos techos inclinados y un muro que la separaba de la calle. Decidió que quería construir una ampliación y se puso con el proyecto. Después de casarme y de conseguir algo de éxito, pensé en mudarme allí con mi mujer. El Cubo ya estaba listo, pero entonces aún era simplemente un pequeño objeto. La obra que quería hacer mi padre era el trabajo de un amateur y, además, él no tenía la manera de pagarla, así que le dije que usaría mis conocimientos para terminar la obra y para financiarla. Aproveché los techos altos para crear una planta más, con un gran salón y una habitación, y, después de que naciera mi primera hija, dividí el salón para hacer su cuarto.

Pero entonces mi vida cambió. El Cubo había despegado.

Además, me divorcié y me volví a casar. Compré una casa de un famoso arquitecto, diseñada con el tradicional estilo transilvano de madera y estucado, cuyos cimientos, a causa de la guerra, tenían grietas. Pero la estructura era muy hermosa y los techos muy altos, así que, además de hacer nuevos cimientos, también construí una piscina en el sótano y aproveché el techo alto para crear una segunda planta para los niños. Aquel fue el primer edificio que realmente sentí como mío. Traté de respetar la atmósfera original a la vez que mejoraba puertas y ventanas. Incluso diseñé los muebles y construí un bonito jardín. Vivimos allí durante quince años, hasta el cambio de siglo. Para entonces nuestra hija pequeña ya estaba a punto de ir a la universidad, aunque todavía vivía en casa. Supongo que deberíamos haber hecho lo contrario, pero nos mudamos a una casa más grande.

Hay personas que viven en veinte sitios distintos durante su vida y otras que solo viven en uno. Yo soy ambas. Vivo en un sitio durante lo que parece mucho tiempo y luego me mudo al siguiente. Esta vez quería levantar una casa desde cero y por suerte no había nada en el terreno, excepto un pequeño edificio destruido por la guerra y el tiempo. Estaba descuidado y abandonado, así que lo demolí y utilicé los viejos ladrillos para hacer una casa.

Quería hacer algo nuevo, pero al final diseñé una casa bastante tradicional adherida a las costumbres de la zona, un verde suburbio de Budapest cercano a un bosque protegido. Budapest es una ciudad dividida por el Danubio: Buda es montañosa, verde, amplia; Pest es llana, densa, urbana. En los viejos tiempos la gente con posibles que tenía grandes pisos en la ciudad se iba a Buda a pasar el verano. Estos edificios suelen tener paredes de piedra en el piso de abajo que son muy estables. Usé los ladrillos para la estructura e hice un alto techo de tejas con un saliente que protegiese las paredes de ladrillo sin enyesar de la lluvia. Además, creaba unas sombras muy bonitas sobre la casa cuando hacía sol. El terreno era verde y hermoso, con árboles grandes y viejos y, una vez más, un exuberante y suntuoso jardín. Cuando el tiempo era agradable, el exterior se convertía en una habitación más.

Esta vez no construí una piscina, pero añadí un invernadero cuando empecé a coleccionar plantas suculentas y cactus. Aún hoy tenemos un buen repertorio, desde algunas pequeñas a otras que parecen árboles.

Al final nuestra hija pequeña se mudó, y la casa y el jardín empezaron a ser demasiado grandes y muy exigentes de mantener. Pensamos que era el momento de buscar más sol y unas vistas más espaciosas, así que compramos una propiedad cercana que parecía la clase de sitio en el que construir una casa más pequeña y moderna. Como mi mujer tiene un gran sentido del diseño, ambos colaboramos para construir una casa que quizá sea la última en que vivamos. Es más minimalista y menos tradicional. Usamos materiales como granito y acero inoxidable, que duran más y necesitan menos mantenimiento. La casa es negra con algún toque de blanco, lo cual es un poco extraño, y vertical: tiene cinco pisos (para evitar los peligros de la vejez disponemos de un ascensor). Es una casa para gente que no vive con sus hijos, pero, como tenemos seis nietos, hay una zona de juegos en el sótano.

Creo que un hogar puede decir más de las personas que viven en él que una conversación con ellas. Mi sensación es que siempre aprendo mucho de la gente observando sus casas, algo muy diferente a observar un edificio. Cada una de mis cuatro casas dice algo sobre un periodo concreto de mi vida. Si cierro los ojos, puedo recorrer cada una de ellas, ver las sombras en las escaleras, las vistas a través de las ventanas; recordar momentos críticos de su construcción y diseño, y observar a mis hijos cuando eran pequeños y estaban sentados a la mesa.

Antes de volver a estar de moda, lo que alguien, o algo, debe hacer es dejar de estarlo. Se ha hablado mucho del retorno del Cubo, pero en mi mundo nunca se fue a ninguna parte. A pesar del obituario del *New York Times*, jamás he tenido esta sensación. Nunca he visto el mundo como un campo de oportunidades comerciales, así que no mido el éxito del Cubo en dólares. Durante los ochenta ni siquiera fui el director de la obra, solo un actor secundario. Y, cuando eres parte del elenco, no tienes ni idea de cuánta gente hay en el público o de cuántas entradas se han vendido, así que tampoco disfruté de esta clase de perspectiva externa.

El caso es que el Cubo siempre estuvo ahí, aunque no hubiera entrevistas, exorbitantes cifras de ventas o una atención mediática masiva. Había menos ruido, pero los catálogos estaban llenos de Cubos. Este periodo duró tres años. Se le declaró muerto en 1982, pero solo estaba dormido. Y en 1986 se despertó.

En ese momento yo aún era joven. No estaba al final de nada, sino al principio de la vida. No me interesaba vivir de las rentas, así que creé otros rompecabezas, gestioné una fundación para inventores, viví una vida plena y feliz y, mientras tanto, el Cubo planeó su siguiente acto. Las primeras señales se vieron en 1986, cuando empezamos a trabajar con un nuevo distribuidor. Curiosamente, las existencias que languidecían en las tiendas desaparecieron porque la gente empezó a comprarlas, así que tuvimos nuevos pedidos. Pero el éxito imperecedero empezó a mediados de los noventa y, para el cambio de siglo, el Cubo era más fuerte que nunca. Eso no quiere decir que la locura colectiva se repitiera. No fue ni una fiebre repentina ni una expresión de nostalgia; este crecimiento fue estable, saludable y continuado. Otra generación de gente que, en algunos casos, ni siquiera había nacido a principios de los ochenta lo descubrió durante su adolescencia y para ellos fue a la vez algo familiar y nuevo.

Desde que el Cubo entró en mi vida en el Budapest de 1974, pero especialmente desde que se convirtió en una celebridad mundial, me he sentido como el viejo carpintero Gepetto viendo a su criatura cobrar vida, llena de ganas de hacer trastadas y de vivir aventuras. Al igual que Pinocho, mi Cubo se emancipó. No solo es independiente de mí, sino que en muchos casos se ha revelado como mi contrario. Al Cubo le encanta la atención; a mí no. Al Cubo le gusta interactuar con todo el mundo; a mí a veces me resulta muy difícil. Él es ambicioso; yo, bastante menos. Sé que es extraño que hable de un objeto inanimado de este modo, pero creo que cada jugador, no importa lo reciente que sea, desarrolla su propia clase de relación con el Cubo. En el punto álgido de la primera fiebre se publicó un libro llamado *Not Another Cube Book* que tenía un capítulo titulado «Odiamos el Cubo». Para mí esta fue una prueba de que la gente no solo disfruta del Cubo o le gusta, sino que lo ama.

¿Cómo es capaz de evocar emociones y vínculos tan fuertes? Hay unos pocos factores que ayudan a crear esta clase de relaciones casi familiares. Una de las claves es que es móvil. La conexión entre vida y movimiento es tan fuerte que, aunque sabemos que las cosas no orgánicas también son capaces de moverse, tendemos a describirlas como si estuvieran vivas. Darle un nombre a algo es expresar una conexión; de hecho, es nuestra manera de conectar. En el mundo natural, cuanto más libre sea el movimiento, más fuerte será la tendencia a antropomorfizarlo: un pájaro está más vivo que un árbol, aunque a menudo también apliquemos términos humanos a los árboles, como cuando decimos que «se agarran al suelo». Los colores y el movimiento, la calidez que absorbe de la mano que lo sostiene, todo forma parte del sentido dinámico del Cubo. Y con este rasgo, al igual que ocurre con todos los seres que tengan un fuerte sentido dinámico, supongo, viene implícita una enérgica voluntad. El Cubo es cabezón y nunca se rinde. Solo podemos conquistarlo si aprendemos a hablar su idioma. Y cada vez más gente se ha sentido fascinada al hacerlo.

Creo que, al principio, el Cubo solo era la expresión de una idea y nada más. La materialización de un pensamiento y, a la vez, la expresión de una manera de pensar. Pero, a medida que el Cubo se ha ido expandiendo por el mundo, cada vez ha sido más difícil distinguir las capas de impacto cultural, comercial o artístico que han ido apareciendo en un camino de más de cuatro décadas.

Durante la primera fiebre colectiva empecé a recopilar todas las menciones internacionales que podía encontrar sobre el Cubo. Sigo haciéndolo hoy en día, pero sé que, aunque he reunido una abrumadora cantidad de material, mi registro está lejos de ser completo. Tengo archivadores enormes llenos de toda clase de referencias: portadas de revistas, apariciones en libros y películas, en obras de arte, en arquitectura, en diseño, estadísticas de campeonatos con récords, apéndices según el país, etcétera. Hay competiciones y clubes, pinturas y esculturas, grafitis y arte urbano, música rap y sinfonías, y cuartetos de clásica.

Me dijeron que en el festival de música Burning Man de 2009, celebrado en el desierto de Black Rock, en Nevada, la gente se podía sentar en el gigantesco Groovik's Cube. Era una escultura de diez metros totalmente jugable inspirada en mi rompecabezas. Tenía más de quince mil elementos y Mike Tyka, Barry Brumitt y un equipo de artistas lo construyeron en menos de cinco meses. Mi colección se ha expandido hasta incluir varios miles de artículos, recortes de prensa, manuscritos y publicaciones formales, extractos de cuentas corrientes, entrevistas, reportajes, cartas, contratos, programas, tarjetas de embarque de mis viajes, agendas, monedas extranjeras, pósteres, guiones, caricaturas, certificados y objetos muy divertidos y demasiado locos como para ser clasificados.

El Guinness World Records tiene una sorprendente cantidad de entradas dedicadas al Cubo. Naturalmente, muchas están dedicadas a récords, pero no solo en cuanto a la velocidad en resolverlo, sino también en hacerlo aguantando la respiración, buceando, con los pies, con los ojos cerrados o boca abajo. Para esta gente el Cubo se ha convertido en una especie de megáfono, una manera de enfatizar sus habilidades personales, sus aficiones o sus idiosincrasias.

El Cubo también se ha convertido en una musa artística. Lo puedes ver en el Museo de Arte Moderno de Nueva York (MoMA) formando parte tanto de la colección, como si fuera una obra original, como de la tienda de souvenires. Y aunque sea yo el responsable de los colores y del diseño, como pieza artística existe en su propio mundo, al margen de mí. Cada vez tengo más la sensación de que el Cubo estaba esperando a ser descubierto y de que yo solo fui la afortunada persona que se tropezó con él.

En ese mundo el Cubo es una obra de arte porque posee cierto tipo de perfección. El gran escritor y aviador francés Antoine de Saint-Exupéry describió este estado como algo a lo que se llega «no cuando no hay nada más que añadir, sino cuando no hay nada más que quitar».

Pero más interesantes para mí que las exposiciones en el MoMA son los cuadros, esculturas, dibujos, fotografías, objetos multimedia y murales de artistas de todo el mundo que representan al Cubo o que lo incluyen como parte de la obra. A través de él han descubierto modos de expresión originales y emocionantes. Un artista francés de fama internacional, oculto bajo una máscara y conocido solo por el sobrenombre de Invader, ha cimentado toda su carrera de dos décadas en usar el Cubo en sus pinturas y mosaicos. Empezó como artista callejero y se le conoce como Invader por haber «invadido» el espacio de los museos y las galerías importantes. Ha creado unas tres mil quinientas obras y en 2018 se celebró en Los Ángeles una gran retrospectiva de su trabajo. Nadie sabe cuál es su verdadero nombre, pero, cuando nos conocimos en Budapest, se quitó la máscara y reveló así una cara atractiva y joven, para que pudiésemos hablar.

Muchas otras personas en todo el mundo han creado arte con el Cubo. He visto cuadros en los que el tema solo es el Cubo, en los que se muestra a gente jugando con el Cubo, en los que el Cubo es la cabeza de una persona, y cuadros en los que es el cuerpo y tiene una cabeza humana. Un antiguo *speedcuber* y artista italiano llamado Giovanni Contardi hace mosaicos de sus artistas, celebridades y personajes del cine y la televisión favoritos usando miles de Cubos. Y algunos artistas, como Invader, reproducen clásicos del arte como *La Mona Lisa* o *American Gothic* en mosaicos hechos de Cubos. En Toronto hay un estudio conocido como Cube Works en el que los artistas se reúnen y crean murales enormes combinando los colores de muchos Cubos. Uno de ellos es una versión de *La última cena* de Leonardo da Vinci para la que se necesitaron cuatro mil. Hay grandes esculturas hechas con el Cubo en espacios públicos, en arte callejero, en museos y en universidades. En la de Bristol, por ejemplo, hay una estatua de un mono jugando con el Cubo. Se celebró una exposición en China en la que el artista usó el Cubo como símbolo de la diversidad de las culturas al apilar un montón de Cubos en medio de una galería con símbolos de todas las religiones rodeando la obra. Hasta he visto una foto del Cubo como parte de una tumba.

Pero el Cubo no solo ha servido de inspiración para las artes visuales, sino que también ha aparecido en letras de canciones y cubiertas de discos. Incluso ha inspirado música experimental. Ciertas canciones populares incluso lo han utilizado para hablar de los sentimientos y la vida.

La industria de la publicidad ha usado el Cubo para vender casi cualquier cosa: ordenadores, plástico, películas, bancos, tabaco... hasta sopa de pollo de sobre. Por supuesto no he tenido ningún control, y mucho menos beneficios, sobre todos aquellos que se han apropiado de su imagen, pero suelo repetir con frecuencia que tanto el Cubo como yo hemos tenido el placer de hacer que mucha gente se haga muy rica. Una vez, estando en Londres, vi un anuncio de sopa con este eslogan:

¿QUÉ FUE ANTES, EL CUBO O LA GALLINA?

No parece haber límite para el ingenio y la fantasía de un dibujante de tiras cómicas en lo que se refiere al Cubo. Y, como ya he dicho, no hay diferencias nacionales ni distinciones en la naturaleza del humor. Una viñeta que apareció en Estados Unidos mostraba, por ejemplo, a un hombre en el borde de la ventana de un piso alto sosteniendo un Cubo sin resolver en la mano, a punto de saltar y con su mujer gritándole: «¡Cariño, solo es un juguete!». El periódico *Frankfurter Allgemeine Zeitung* recogió entre sus páginas otra con un par de piernas colgando en el aire y, bajo ellas, en el suelo, un Cubo desordenado (ninguna esposa intervino para evitar este final).

La mayoría de viñetas no son macabras, sino casi dulces. De hecho, hubo una de una chica joven que llevaba una camiseta que decía PASANDO LA CUBERTAD.

Y no podría ni empezar a enumerar a los dibujantes que han utilizado el Cubo para ilustrar todos los problemas sin solucionar de los políticos. En portadas de revistas de todo el mundo, este pequeño rompecabezas ha parecido significar el caótico estado de nuestro planeta. A la vez, con sus colores, forma y patrones, se ha convertido casi en una presencia tranquilizadora, en algo que atrae las miradas.

De todos modos, el terreno más abrumador que ha pisado el Cubo es el del cine. Desde películas artísticas de vanguardia a sesudos documentales pasando por taquillazos de Hollywood, el Cubo ha aparecido en toda clase de filmes, a veces en simples cameos y en otras ocasiones con un papel muy central.

A principios del año 2008 se estrenó una película de terror romántico llamada *Déjame entrar* en la que Oskar, el joven protagonista, juega con el Cubo en una gélida noche de invierno y Eli, una chica joven, o eso parece, se le acerca. Eli se interesa por el Cubo y Oskar se lo da con la condición de que se lo devuelva en dos días. Para su asombro, Eli —una vampira, como acabaremos sabiendo—, se lo devuelve resuelto, lo que enciende la llama de su sangrienta historia de amor y pone en marcha los acontecimientos de la película.

El Cubo, como suele hacer, sirve en esta escena para comunicar cosas en más de un sentido. Nos dice que estamos en los ochenta, una década tan asociada con la locura que supuso el Cubo que es muy raro ver un documental sobre esta época sin que aparezca uno. Pero también nos revela que Eli tiene una inteligencia superior (en este caso, inhumana). E igualmente expresa la que para mí es una de sus cualidades más extraordinarias: su habilidad para probar, una y otra vez, que, cuando nos ceñimos a lo esencial, *lo que nos une es más que lo que nos diferencia*.

Dos años antes se estrenó un éxito de Hollywood, *En busca de la felicidad*, en el que el Cubo aparecía junto a una verdadera superestrella. Will Smith interpretaba al protagonista, un personaje que tiene un encuentro decisivo en un taxi con un ejecutivo importante: el hombre de negocios ve a Will Smith resolver el Cubo y le impresiona tanto que ayuda a Smith a conseguir un trabajo en periodo de prácticas... justo cuando más lo necesitaba. La referencia metafórica que supone el Cubo es inmediata y obvia: ¡quienquiera que lo resuelva debe de ser muy listo! (Will Smith, por cierto, se convirtió en un *cuber* muy entusiasta y muy capaz en la vida real).

Más recientemente el Cubo ha hecho un cameo en *Snowden*, una película de Oliver Stone de 2016. En el filme Snowden esconde información confidencial en una loseta de su Cubo de Rubik, pero ¿lo hizo así en la realidad? Resulta que sí. El propio Snowden ha insinuado que puede haber algo de verdad tras esta representación. De hecho, utilizó un Cubo de Rubik para identificarse ante el periodista Glenn Greenwald cuando se conocieron. En la película descarga unos archivos en una tarjeta SD, la esconde en un Cubo y evita que pase por el control de seguridad tirándoselo al guardia, que juega con él mientras Snowden lo pasa. Y entonces, es libre.

Por supuesto, el Cubo ha interpretado un sinfín de papeles que van desde lo metafísico, como en *Ready Player One*, de Spielberg, hasta lo sibilino, como en *Duplicity*, en la que Julia Roberts y Clive Owen son dos espías que se reconocen por sus llaveros de Rubik. En cuanto a la televisión, creo que es un espacio mucho más natural para el Cubo. En concreto he disfrutado mucho del papel que se le dio en la comedia *The Big Bang Theory*.

Siempre es fascinante cuando un producto adquiere importancia cultural en todo el mundo.

La parte menos sorprendente de este fenómeno es la de enormes departamentos de marketing con presupuestos casi ilimitados que «venden una historia» inventada para conseguir más ventas. Algunas de estas historias son muy inteligentes y asombrosamente eficaces. Pensemos, por ejemplo, en el legendario «Porque tú lo vales» de L'Oréal.

Más impresionante ha sido el efecto de los teléfonos inteligentes en nuestras vidas, que han transformado tanto nuestras costumbres del día a día como nuestra visión del mundo.

Y luego está el Cubo, que se contiene a sí mismo: no reemplaza ni mejora nada que existiera antes; su impacto es todo suyo, lo que lo hace aún más sorprendente.

Pero ¿qué es lo que hace que un producto pueda ser culturalmente relevante?

Nadie lo sabe, por supuesto, pero hay indicadores muy claros. Para empezar, debe lograr sobresalir en un periodo relativamente corto de tiempo. Hoy en día conocemos mejor este fenómeno gracias al contenido digital (pensemos en *Angry Birds* y *Candy Crush* colonizando de repente los teléfonos de todo el mundo, de polo a polo), pero, antes de internet y de las plataformas universales, en una era de mercados muy localizados, muy pocos productos físicos podían distribuirse globalmente y, aún menos, tener éxito en todo el mundo. En el campo de los juguetes, solo los LEGO tenían un alcance y una influencia cultural similares.

Creo que es importante que el producto sea «durable» y que esté con el consumidor una cantidad razonable de tiempo —aunque haya habido productos de un solo uso que puedan haber cambiado el curso de la historia gracias a alguna funcionalidad esencial, como ciertas medicinas y anticonceptivos—, pero es aún más importante, sin embargo, que los productos de consumo de valor cultural *capten y expresen algún significado específico y propio de ellos mismos* que cualquier persona pueda entender y apreciar de inmediato.

Algunos historiadores se refieren a veces a Mijaíl Kaláshnikov como al «otro» inventor tras el Telón de Acero cuyo nombre se ha hecho famoso en todo el mundo. Y, de hecho, es innegable que el nombre *Kaláshnikov* lleva consigo un mensaje que necesita poca explicación. Sin embargo, es una suerte que mucha más gente haya tenido una experiencia personal con el Cubo que con su famosa arma.

Consideremos esto: el Cubo ha estado en la mano de una de cada siete personas de este mundo. Y, a través de una curiosa combinación de complejidad y ubicuidad, se ha convertido en *el símbolo último de la inteligencia y la resolución de problemas*. Acarrea consigo emociones a la vez positivas y negativas: desde momentos de «eureka», acompañados de una fuerte sensación de logro, a esa frustración, impaciencia e irritación que nos provoca su aparente imposibilidad y que nos lleva a tener ganas de darnos de cabezazos contra la pared. Culturalmente, el Cubo es un símbolo nada ambiguo de estos conceptos, aunque también sea una referencia reconocible al instante de los ochenta o del ingenio con un toque de frikismo.

La cultura se expresa en sí misma por medio de símbolos y yo tuve la suerte de experimentarlo con ocasión del cuarenta aniversario de mi invención.

En 2014 uno de los edificios más icónicos del mundo, el Empire State de Nueva York, fue iluminado con los colores del Cubo como homenaje.

Google hizo un modelo del Cubo en 3D con el que se podía jugar.

Y en mi lado del Atlántico, el presidente de la Comisión Europea cortó un enorme pastel que tenía una forma muy familiar para rendir tributo a los orígenes del Cubo.

Pero antes de esto ya se había dado una especie de santifica-
ción local del Cubo a raíz de otro aniversario: el Banco Nacional
de Hungría había diseñado una moneda cuadrada de quinientos
forintos como celebración del Cubo. Era dinero de verdad, de
curso legal, y compré una considerable cantidad de esas monedas. De hecho, aún tengo forintos por valor de varios cientos de
dólares.

El Cubo se utiliza con frecuencia para representar problemas
geopolíticos complejos. Pensemos por un momento en aquella
portada de *Time* en la que se mostraba un Cubo pintado con
las banderas de EE. UU. y Pakistán, y el mensaje «Por qué estamos atascados con Pakistán».

Estos problemas suelen tener soluciones concretas, aunque
complicadas, algo que el primer ministro del Reino Unido John
Major ilustró valiéndose del Cubo para simbolizar los logros
del Tratado de Maastricht.

Durante la crisis del Brexit, además, Sky News creó un Cubo
de Rubik del Brexit y preguntó a varios invitados, incluidos algunos miembros del Parlamento, si podían solucionarlo.

Si el Cubo puede significar complejidad, también puede
querer decir sencillez. En su libro *Square One: The Foundations of
Knowledge*, el filósofo Steve Patterson escribe: «El Cubo de Rubik es análogo al universo. Todo lo que existe empieza desde
un estado resuelto, cada cosa como es, y lo que parecen ser paradojas son solo meros giros del Cubo. Si razonamos con atención
todos los desórdenes, es decir, las paradojas, pueden solucio-
narse. [...] El trabajo del filósofo es averiguar cómo funciona el
Cubo, captar los conceptos básicos involucrados en una paradoja
y sentarse a ordenar las cosas hasta que vuelvan a tener sentido».

Una vez se me ocurrió hacer un libro sobre el Cubo que fuera un enorme compendio visual de sus muchísimas apariciones.

¡No sé en qué estaba pensando! Se convirtió en una tarea sin fin porque siempre había algo nuevo y sorprendente. Empecé a hacerlo no porque quisiera celebrarme a mí mismo, sino simplemente por curiosidad infantil. Además, pensé que podría encontrar un material estupendo que me serviría si alguna vez hacíamos una exposición sobre el impacto del Cubo. No importa donde vaya, y he viajado mucho, el Cubo siempre aparece para saludarme. Los lugares más exóticos se convierten de pronto en sitios familiares. Una vez fui a Phuket de vacaciones y en una pequeña tienda de una callejuela, un rincón lejos de las rutas habituales de los turistas, estaba el Cubo.

Otra comparación: ver al Cubo en todos estos sitios inesperados es comparable a estar en una ciudad extranjera, quizás en un sitio como Kioto, y escuchar a alguien hablando en húngaro. De repente se me activa una alerta y siento una conexión potencial. Lo mismo me pasa con el Cubo, aunque a una escala mucho mayor. Por una parte, se convierte en un punto de orientación, pero por otra, una vez que empiezo a ser consciente de su presencia, me siento vigilado. El Cubo no es ubicuo en el sentido estricto de la palabra, por supuesto, pero no importa donde vayas, termina por asomar. Te lo puedes encontrar bajo el puente de Brooklyn y en una estación de esquí de Eslovenia. Siempre son situaciones de poca importancia. Fortuitas, la verdad, pero constantes. Supongo que debe de ser una experiencia similar a si Ringo Starr oyera *Yellow Submarine* sonando en un mercado perdido de la mano de Dios.

Una vez, en una pequeña cafetería en España en la que había Cubos por todas partes (en los estantes, en el mostrador, en las mesas), mi mujer y yo nos sentamos, y yo cogí uno y lo resolví. El camarero se emocionó mucho al ver que había sido capaz de hacer lo que la mayoría de los clientes no había conseguido nunca. No me identifiqué, por supuesto, porque creí que no tenía sentido dada la situación, pero pensé en cuántas veces a lo largo de los años había contemplado cómo el Cubo se introducía gentilmente en las vidas ajenas. En circunstancias normales, el camarero de España y el propietario de la tienda de Phuket no habrían tenido nada que decirse; las barreras lingüísticas y culturales habrían sido insuperables.

Y entonces aparece el Cubo y tiende un puente entre tantas diferencias a partir de un punto de conexión común.

Si analizo su impacto, no puedo ignorar la importancia del mercado del juguete. Cuando la locura por el Cubo empezó, los rompecabezas ni siquiera eran considerados como juguetes, pero el éxito del Cubo alumbró una nueva familia de puzles que compartía el ADN con sus principios constructivos. Había dos grandes grupos. Los primeros, entre los que se contaba el Cubo, se basaban en un sistema de coordenadas de noventa grados: los ángulos de los tres ejes de rotación son rectos y la estructura no depende de la forma exterior sino de las superficies, que giran unas sobre otras. Si conservamos esta regularidad y luego alteramos el número de elementos móviles, en teoría podríamos obtener un número infinito de posibles versiones. La más pequeña sería un 2 x 2 con cuatro elementos, pero habría otras con muchos más. De hecho, según *Guinness World Records*, el «Cubo físico con más piezas» fue hecho en 2017 y es un cubo de 33 x 33 x 33. Tiene 6.513 partes móviles. En el mundo virtual, sin embargo, no hay límites. ¡He visto incluso uno de 100 x 100 x 100 en YouTube!

El otro grupo de posibilidades se basa en cortar otros sólidos regulares de acuerdo con sus simetrías y en aplicarles nuestro principio constructivo. Por ejemplo, con el tetraedro y el octaedro podemos utilizar cuatro ejes de rotación, y con el dodecaedro y el icosaedro, seis. El número de planos de corte determina el número de elementos móviles.

Expandir una idea no significa crear un objeto completamente diferente en un sentido mecánico, aunque a veces sea difícil resistirse al desafío de hacerlo factible. Cada nueva iteración del Cubo fue diseñada para que los usuarios alcanzasen objetivos distintos. La velocidad, por ejemplo, se convirtió en uno de los elementos más importantes. A medida que el *speedcubing* se hizo más y más popular, los jugadores empezaron a necesitar material que les permitiese ser más rápidos. Las simetrías de los sólidos platónicos, con su riqueza en proporciones y su equilibrado potencial, son lo que hace que todo sea realizable. Y, sin embargo, nadie ha podido mejorar la figura, la forma y el tamaño originales del Cubo, no importa cuántos intentos distintos se hayan hecho para alterarlo. Todas sus características surgieron con una identidad concreta y un carácter fuerte. Y por eso creo que tiene la capacidad de significar tanto para tantos. Esta tensión entre sencillez y complejidad, entre la accesibilidad táctil del objeto y la aparente inaccesibilidad de la solución, y el hecho de que, en fin, la mejor manera de acercarse al Cubo sea no como una tarea sino como un juguete, son las provocadoras contradicciones contenidas en algo que empezó como un simple modelo de madera hace mucho tiempo.

De todas las ideas que el Cubo me ha inspirado, ninguna ha tenido nada que ver con deportes, competiciones o récords Guinness. De hecho, en su momento me habría parecido inconcebible que se pudiera dar un fenómeno global de esas características.

No es que fuese la primera vez en mi vida que me equivocaba.

Para que el *speedcubing* se convirtiera en un deporte de verdad, necesitaba reglas estandarizadas y regulaciones que permitieran verificar y registrar las marcas individuales. Ya desde el principio de la locura del Cubo se empezó a formar una comunidad global de entusiastas, pero fue el surgimiento de internet, casi veinte años más tarde, lo que hizo que los grupos dispersos de jugadores se unieran de un modo más estructurado. En ese momento, en 1999, creamos *Rubik's Games*, un conjunto de juegos para ordenador basados en el Cubo. Quizá nos adelantamos a los tiempos y por eso no tuvo un gran éxito comercial, pero de todos modos esos juegos proporcionaron un pequeño espacio en internet para todos aquellos que quisieran conocer a otras personas interesadas en el Cubo. Poco después, unos pocos jugadores devotos (en particular el estadounidense Chris Hardwick y el neerlandés Ron van Bruchem) crearon un grupo de correo electrónico para compartir y comparar las PB (*personal best* o 'mejor marca personal').

Este grupo se convirtió en la plataforma de lanzamiento de la World Cube Association, una entidad autónoma y global cuya misión es hacer «más competiciones, en más países, con más gente, más diversión y bajo condiciones justas». Su evento inaugural fue el Campeonato Mundial de Cubo de Rubik de 2003, celebrado en Toronto, que cerró así una brecha de veintiún años desde que organizamos en Budapest el primer torneo de esta clase. Desde entonces, la WCA ha organizado un campeonato mundial cada dos años y, todavía más importante, tiene delegados en más de un centenar de países y supervisa anualmente más de mil campeonatos locales e internacionales.

Si se piensa bien, era inevitable que hubiera competiciones. Pero, de algún modo, me pillaron por sorpresa. Lo normal es que los elementos clave en una competición sean o bien la velocidad o bien algún otro tipo de excelencia cuantificable —pensemos, por una parte, en la natación y, por otra, en la gimnasia artística, por ejemplo—, pero la resolución de problemas me resulta mucho más interesante que hacer algo que pueda medirse con precisión. Sin embargo, estoy en minoría. Si puedes hacer algo cuantificable, habrá gente que deseará batir tu récord. O que querrá verlo. Cuando un juego es como el ajedrez y hay dos oponentes enfrentados, entonces la competición es obvia. Pero la esencia de jugar con el Cubo es totalmente distinta. Ahí estamos solos frente al problema. Nuestro oponente es el Cubo en sí mismo y su complicada naturaleza. No nos enfrentamos a otra mente humana, es decir, no podemos ganarle a nadie en este juego. Nos enfrentamos a *la naturaleza del problema*. Si perdemos, solo se resiente nuestra confianza en nosotros mismos, pero la próxima vez puede que lo consigamos. Y, sin embargo, se pueden organizar competiciones sobre casi cualquier cosa: cuántas hamburguesas se pueden comer es solo un loco ejemplo.

(No más loco, supongo, que algunas de las variedades de competición más descabelladas que han surgido en relación con el Cubo. Como ya he mencionado, hay récords sorprendentes sobre la velocidad en resolver el Cubo a ciegas, montado en monociclo, a ciegas y montado en monociclo, haciendo malabares, saltando al vacío, de pie sobre un aeroplano en pleno vuelo, o el mayor número de Cubos resueltos corriendo una maratón o aguantando la respiración bajo el agua).

Por supuesto, el récord más disputado es simplemente el de ser la persona que resuelva más rápido el Cubo de 3 x 3 x 3.

Las competiciones de *speedcubing* empezaron a principios de los ochenta e incluyeron campeonatos nacionales organizados por el distribuidor, Ideal Toy.

Lo mismo que ocurre con el atletismo, el esquí, el patinaje o el automovilismo, donde la diferencia entre ganar y perder puede ser de meras fracciones de segundo, sucede con el *speedcubing*. Y, del mismo modo, el material es muy importante. Los Cubos que se usan en estas competiciones son distintos a los normales porque, en estos casos, son claves la velocidad y la precisión del giro alrededor de los ejes. Si tu giro no está completo y no has vuelto a la alineación precisa de los planos, todo puede saltar por los aires. O quizás es que no se puede ir más allá. Si inflas las ruedas de la bicicleta con una presión alta, se vuelven muy duras, pero si hay menos presión se vuelven blandas. Hay una presión óptima según el estilo y el contexto del ciclista. Del mismo modo, los jugadores profesionales del Cubo son capaces de apreciar los efectos de suavizar o apretar el movimiento en los ejes.

El público de estos eventos me intriga especialmente porque no estoy seguro de si sabe qué está viendo. Un cronómetro, una confusión de manos, manchas rojas, verdes, amarillas, blancas, naranjas, azules, negras y entonces... ¡se acabó! Es un espectáculo extraño para un espectador y, sin embargo, genera gran expectación.

Hace poco fui a Atenas para asistir a un festival de ciencia y al torneo nacional griego del Cubo. Cuando la competición terminó, se celebró una gala nocturna en la que di un discurso (nunca ha sido mi actividad bajo techo preferida) en el que traté de explorar un poco la importancia del *speedcubing*. Me pareció extrañamente apropiado hacer esto en el hogar de los primeros Juegos Olímpicos.

Un aspecto obvio de estas carreras de velocidad, dije, está conectado con lo que pensamos sobre el tiempo, ya que el *speedcubing* se basa en la premisa de que algo hecho más rápido es mejor. Este enfoque es muy adecuado, por ejemplo, en el mundo de la informática, donde la velocidad es un dios. La tarea es muy sencilla y gana quien sea capaz de terminarla en el menor tiempo posible. Y, sin embargo, en realidad, el tiempo en sí mismo carece de interés. Cuando nos encontramos frente a problemas o tareas tenemos una exigencia, o simplemente una necesidad personal, de hacer el trabajo, esforzarnos y dar en el blanco sin prestar atención a cuánto tiempo nos puede llevar. El simple hecho de llegar a la cima del Everest es, en sí mismo, un logro admirable.

En este sentido, el tiempo es importante como un claro indicador de logros sorprendentes que no se pueden ver. Un jugador solo puede ser rápido resolviendo el Cubo si tiene una profunda comprensión y un conocimiento de cientos de algoritmos, y si sobresale en el reconocimiento de patrones y en la memoria procedimental, por no mencionar que debe ser un artista con sus dedos.

En toda competición hay ganadores y perdedores, pero no hay necesidad de conceder mucha importancia a la derrota. La mayoría de ganadores han sido perdedores antes y viceversa. Algunos excampeones mundiales del Cubo suelen aparecer en estos eventos, pero no para recuperar su título, sino para algo distinto. Después de todo, ser campeón mundial es, por definición, un título temporal. Como dije antes a propósito de otra cosa, la ruta principal del éxito es el fracaso y, además, se aprende mucho menos del triunfo. En el mundo del *speedcubing*, sin embargo, éxito y fracaso no sirven para definir la experiencia.

Lo que lleva a la gente a participar, la base y el imán de estas competiciones, es la propia comunidad. Todo gira en torno a gente a la que le encanta jugar con el Cubo. La mayoría suele haber ganado ya en competiciones locales más pequeñas, abiertas a la participación de cualquier persona. Los torneos pequeños en general no atraen a nadie más que a los propios jugadores, pero cuanto mayor sea el evento, más medios de comunicación aparecen.

No obstante, esto no es el Tour de Francia, donde puedes seguir a los competidores mientras se abren camino a través de un paisaje agreste y aventurero. Aquí no hay carreteras sinuosas ni multitudes amontonadas a cada lado. Nadie puede, en realidad, seguir a los jugadores mientras resuelven el Cubo, por mucha gente que, de hecho, se ponga a observarlos. En algunos de los campeonatos más importantes la imagen de lo que está sucediendo aparece en una gran pantalla encima del escenario y, cuando todo termina, el vídeo se reproduce a cámara lenta porque todo ha sucedido a demasiada velocidad y ha sido muy complicado de seguir. Las imágenes ralentizadas, además, permiten a los expertos analizar en qué momento cometió alguien un error.

En algunos deportes el verdadero rival son la naturaleza y sus fuerzas, sobre todo la gravedad, contra las cuales los atletas oponen una fuerza física aplicada de manera experta. Con relación a esto podemos decir que el verdadero rival del levantador de pesas no es otro competidor, sino las propias pesas.

A lo largo de los años, la World Cubing Association ha desarrollado reglas muy específicas para sus eventos. Para empezar, hay cinco rondas con cinco posiciones de partida diferentes. Se eliminan el mejor y el peor tiempo de cada concursante y se promedian los tres tiempos restantes para obtener una puntuación. El tiempo que se permite para estudiar la posición sin hacer un solo giro es de quince segundos; entonces debe volver a ponerse el Cubo sobre la mesa, encima de una placa sensorial. Los jugadores lo cogen tras la señal de inicio y eso activa un temporizador eléctrico. Cuando han resuelto el Cubo, lo vuelven a dejar sobre la placa y, al hacer eso, detienen el temporizador.

Las marcas actuales son increíbles, incluso aunque las comparemos con las de hace solo un par de años. En la Feria Internacional del Juguete de 1980, mi tiempo promedio fue de más de un minuto, pero, en la primera competición internacional, celebrada en 1982, el ganador logró resolverlo en 22,95 segundos. Se llamaba Minh Thai y era un estadounidense de dieciséis años que se convirtió en el primer campeón mundial de Cubo de entre los diecinueve competidores llegados a Budapest como campeones nacionales de cada uno de sus diecinueve países.

Pero ahora, en el universo actual del *speedcubing*, ese tiempo sería ridículamente alto. Esto es lo que sucedió en un periodo de quince años con los récords: en 2003 bajó a dieciséis segundos, en 2007 fue resuelto por primera vez en menos de diez segundos y, tres años más tarde, en menos de siete. En 2011 el tiempo más bajo fue de 5,66 segundos y en 2015 el récord bajó a menos de cinco segundos por primera vez. La mejor marca mundial de la historia es de 3,47 segundos y la consiguió Yusheng Du en 2018 durante el Abierto de Wuhu, en China.

6

La vida sería infinitamente más feliz
si pudiéramos nacer con ochenta años e ir
acercándonos poco a poco a los dieciocho.

Mark Twain

¿Qué significa ser curioso? Creo que es la *capacidad de sorprenderse y de tratar después de comprender qué es lo que puede haberte sorprendido*. Uno siente curiosidad por algo que encuentra excepcional. Es un hecho casi paradójico que nos podamos hacer las preguntas más profundas y difíciles a partir de cosas muy cotidianas y que, al principio, damos por sentadas. Averiguar el secreto del truco de un mago es mucho más fácil que entender por qué la manzana cae del árbol.

La curiosidad es como la sed o el hambre, un deseo de llenar un vacío, de rascarse un picor intelectual y emocional. Si eres curioso tienes la sensación de que hay algo ahí pero no estás muy seguro de qué es. Tu impulso es el de llegar hasta el final y albergas cierta esperanza de descubrir algo que está oculto y que quizá solo es invisible para ti. Lo que hay bajo la superficie es el deseo de comprender. En ese sentido, no somos creadores, sino descubridores. Dentro de la piedra hay una estatua y solo un escultor puede hacerla emerger.

Por ejemplo, la naturaleza, en sí misma, es mucho más interesante que cualquier cosa que pueda imaginarse. No podemos decir que entendamos, por ejemplo, por qué las plumas de un pájaro son amarillas y las de otro son grises, o por qué hay luciérnagas en unos sitios y no en otros. Lo mejor que podemos hacer es fijarnos en algo que nos resulta curioso y darle un nombre. Si de pronto el cielo se oscurece, eso nos lleva a hacernos preguntas. ¿Por qué ha sucedido? ¿Está a punto de estallar una tormenta? ¿Afectará solo a mi pueblo o también a otros? Si las formulas bien, muchas preguntas contienen ya las respuestas.

La creatividad puede expresarse en forma de pregunta: ¿qué pasaría si...? Me gusta la expresión *experimento mental* porque es una manera muy precisa de caracterizar nuestra imaginación. ¿Cómo es posible que los griegos midieran el radio de la Tierra en el siglo II a. C.? Usaron el poder de su mente y Eratóstenes de Cirene, que era bibliotecario en la gran biblioteca de Alejandría, tuvo la inspiración.

Fue la primera persona en calcular la circunferencia terrestre y la inclinación de su eje, todo sin salir Egipto. Lo hizo a partir de la posición del Sol tanto en Asuán como en Alejandría. Sabiendo que ambas ciudades estaban a una distancia de cinco mil estadios, o unos mil kilómetros, un día se dio cuenta de que, si mirabas a un pozo en Asuán en el momento exacto del mediodía, tu sombra bloqueaba el reflejo del Sol en el agua. Usando una varilla midió la sombra en Alejandría en ese mismo momento, calculó los ángulos, los multiplicó por cincuenta y obtuvo así una medida de la circunferencia de la Tierra sorprendentemente cercana a la que conocemos hoy en día.

La habilidad que más admiro en el ser humano es la capacidad de nuestras mentes para crear abstracciones partiendo de la realidad y de usarlas para informarnos sobre la realidad. Es lo que Einstein hizo con la luz. Lo que Eratóstenes hizo con la geografía. En cierto modo, es lo que muchos artistas han hecho con el Cubo.

Dice la vieja cita bíblica: «No hay nada nuevo bajo el sol». Toda novedad tiene elementos del pasado, pero lo creado es una nueva combinación de esos elementos. Yo no creé el Cubo en tanto que figura, ni los pequeños cubos que, unidos entre sí, formaron el producto final, y ni mucho menos inventé lo de darle vueltas a algo alrededor de un eje. Poco después de la invención de la rueda, una de las mayores y más antiguas innovaciones humanas, se descubrió que podía facilitar el transporte de cosas pesadas al reducir el poder de fricción. Comenzaron con un tronco rodante, vieron que era posible cortarlo en cilindros y poner dos de ellos en un eje y... mucho tiempo después llegamos a los coches eléctricos que usamos hoy en día. En este sentido, lo único que hice fue crear nuevas relaciones entre elementos familiares.

¿Por qué? Simplemente porque quienes somos curiosos lo somos todo el tiempo.

El Cubo es la materialización de principios matemáticos asociados con la simetría, la transformación y la combinatoria, con lo que no debería ser ninguna sorpresa saber que algunos matemáticos estuvieron entre las primeras personas fuera de Hungría en sentirse atraídas por el Cubo. David Singmaster, entonces un profesor de Matemáticas en la Politécnica de South Bank, en Londres, se topó por primera vez con el rompecabezas en una convención en Helsinki, en 1978. Otros matemáticos ya tenían uno y Singmaster vio lo suficiente para sentirse intrigado, así que se las arregló para conseguir un Cubo gracias a un educador húngaro que se había llevado al evento una maleta llena.

Fue un encuentro serendípico.

Después de pasar una noche entera jugando con el Cubo, Singmaster acabaría convirtiéndose en uno de sus más tempranos y persuasivos promotores.

Antes de que estuviera fácilmente disponible fuera de Hungría, Singmaster vendió en persona miles de Cubos a sus colegas, desarrolló lo que se convertiría en la notación estándar para describir los movimientos del Cubo y ayudó a llamar la atención del público en general mediante conferencias y artículos.

Singmaster y el también matemático Alexander Frey han observado que el Cubo «aporta una materialización única de muchos conceptos abstractos que, de otro modo, solo podrían presentarse a través de ejemplos triviales o demasiado teóricos». En otras palabras, cuando un profano juega con él experimenta por primera vez las leyes que lo gobiernan, pero lo que ve un matemático son conceptos con los que está familiarizado desde hace mucho y que, por fin, han cobrado vida. Tal vez el mejor ejemplo de esta capacidad de concretar conceptos radique en la relación del Cubo con la teoría de grupos, un área matemática con aplicaciones que van desde el arte a la física y desde la criptografía a los juegos de cartas.

Pronto quedó claro que las soluciones al Cubo podrían sistematizarse mediante algoritmos. ¡Y qué inmenso universo de algoritmos había!

Yo mismo tenía alguna experiencia trabajando con algoritmos después de haberme comprado mi primer ordenador en los ochenta y de haberme puesto a averiguar cómo podía programarlo. Aquello no me atraía en un sentido profesional, obviamente, pero sí me interesaba mucho.

En el mundo digital, por oposición al viejo y analógico mundo «real», es necesaria una manera de pensar por completo distinta. Todo puede crearse a partir de unos y ceros, el interruptor puede encenderse y apagarse y, tras eso, continúa todo lo demás. Lo mágico del asunto es que es muy simple, y, por ser tan simple, el resultado es extremadamente complejo. Nunca podría haber anticipado con qué perfección se integraría el Cubo en la era digital. Fue introducido de inmediato en el arte de píxel, inspiró avances en la robótica y también nuevos desafíos en inteligencia artificial.

Una de las lecciones más duras que aprende cualquiera que haya hecho programación es que, si cometes el más pequeño de los errores escribiendo código (una letra, un más o un menos), ya nada funciona. Las consecuencias son profundas. Y la misma dinámica se da con el Cubo: si te equivocas en uno de los elementos de la rutina —prefiero llamarlo *rutina* antes que *algoritmo*—, la cosa no va a ninguna parte. De hecho, lo pierdes todo. No solo no consigues nada, sino que empeoras la situación al malograr lo que ya habías conseguido. Y, entonces, tienes que empezar de nuevo.

En mi opinión, las aplicaciones sobre el Cubo representan un particular encuentro de lo virtual con la «realidad real». He encontrado más de dos mil seiscientas aplicaciones en plataformas como Linux, Mac, Windows y Android, la mayoría gratis. Es muy emocionante ver de qué manera el desafío del Cubo ha inspirado a los informáticos. Puedo imaginarme a millones de usuarios con un teléfono en una mano y un Cubo en la otra.

Hay 43.252.003.274.489.856.000 (es decir, 43 trillones, 252.003 billones, 274.489 millones y 856 mil) posibles posiciones del Cubo, de las que solo una, la de seis caras de un único color uniforme cada una, es la posición de partida. Si elegimos cualquier otra, podremos decir que hay una determinada distancia entre esa y el estado original, que se medirá por el número necesario de pasos, movimientos, giros o vueltas que nos lleven de una a la otra. Esos pasos pueden usarse como unidad de distancia al igual que, por ejemplo, el pie fue probablemente desarrollado como unidad lineal a partir de la longitud de una pisada humana.

Imagina que te echas sobre la hierba y te pones a observar el firmamento en una noche de verano despejada y hermosa. Hay poca luz ambiental, así que el cielo está lleno de estrellas que no se verían desde una ciudad. Trata de imaginar ahora que viajas de una estrella a otra. Si las dos estrellas que has elegido están la una al lado de la otra, solo hace falta un paso, y, si hay otra en medio, necesitas dos. Pero si tuvieras que ir de un extremo al otro de la galaxia, ¿cómo podrías hacerlo utilizando el menor número posible de movimientos? Si el Cubo fuera la galaxia y cada una de sus cuarenta y tres trillones de posibles posiciones fuera una estrella, podríamos hacernos la misma pregunta.

La pura enormidad de este problema no ha frenado a matemáticos y profesionales de la computación a la hora de tratar de averiguar la respuesta. De hecho, son los problemas de estas dimensiones lo que más disfrutan quienes trabajan con superordenadores. El método que usan se llama «fuerza bruta», aunque otros lo denominan «demostración por agotamiento», y se refiere a una prueba matemática que se vale de un método altamente sofisticado en el que cada posibilidad es dividida en un número finito de otras posibilidades. Estas últimas son, a su vez, verificadas y divididas para ver si la proporción se mantiene.

Finalmente, la capacidad de los ordenadores de Google y el intelecto de un grupo de matemáticos acabaron determinando cuál es, de entre todas las posibilidades, el menor número de movimientos necesarios para resolver el Cubo. La cifra resultante es conocida para la mayoría de las personas como 20, pero en la jerga del Cubo estos dos modestos dígitos se denominan el «número de Dios».

Hace tiempo, en julio de 1981, Morwen Thistlethwaite demostró que, como mucho, eran necesarios cincuenta y dos movimientos para ir desde un punto a cualquier otro. En otras palabras, nunca habría dos posiciones que requiriesen más de cincuenta y dos movimientos en una u otra dirección.

Unos treinta años después, en julio de 2010, el programador Tomas Rokicki aceptó el desafío junto con un grupo de colegas. Partiendo de la base del trabajo de un matemático que había dividido la tarea de resolver el Cubo en dos pasos diferenciados, dividieron a su vez estos en dos configuraciones que se resolvieron parcialmente. El número de permutaciones potenciales no era en este caso de trillones, sino de diecinueve mil quinientos millones. Los investigadores descubrieron que, utilizando esta estrategia, podían resolver el Cubo en un máximo de treinta movimientos. Rokicki agrupó las configuraciones usando el conjunto especial de configuraciones parcialmente resueltas y eso significó resolver a la vez la increíble cantidad de diecinueve mil quinientos millones de configuraciones (lo cual sigue siendo mucho menos que cuarenta y tres trillones). En su web, <cube20.org>, Rokicki dijo que dividieron «las posiciones en 2.217.093.120 conjuntos de 19.508.428.800 cada una». Al trabajar con dos mil millones de problemas, en lugar de los cuarenta y tres trillones originales, y gracias a los superordenadores de Google, Rokicki y sus colegas pudieron demostrar que el número de Dios era, de hecho, 20. Es decir, que cualquier posición concreta del Cubo puede alcanzarse desde cualquier otra en no más de veinte movimientos. En este sentido, un movimiento significa dar una vuelta alrededor de un eje: puede ser un cuarto de vuelta en el sentido de las agujas del reloj, en el sentido contrario o media vuelta. Si cuentas los cuartos de vuelta, el número es 26.

Todo este trabajo teórico y extremadamente complicado que llevaron a cabo los matemáticos sirvió para ilustrar dos evoluciones en la vida del Cubo. La primera es que su interés marcó un nuevo nivel en la seriedad con la que es tratado. Y esto lleva al segundo punto: la profundidad con la que su trabajo muestra la estructura oculta del Cubo. Las simetrías y la teoría de grupos están íntimamente conectadas con él, y los matemáticos se lo tomaron en serio y trabajaron duro en ello. Sus descubrimientos han hecho que el Cubo sea usado en criptografía para, por ejemplo, generar contraseñas (en cierto sentido esto no me parece que tenga connotaciones muy positivas, ya que sugiere que las personas tenemos el deseo, o la necesidad, de esconder cosas).

Hay una prueba oficial en los campeonatos de *speedcubing* que se llama Menor Cantidad de Movimientos. En ella a los competidores no se los juzga por una marca temporal y, de hecho, ni siquiera interactúan con un Cubo. En lugar de eso, se trata de un ejercicio de papel y bolígrafo en el que los jugadores tienen que averiguar la solución más corta a partir de un desorden dado. El número de movimientos ganadores suele estar cerca de los veinte, pero en el *speedcubing* propiamente dicho, donde los jugadores, por motivos obvios, están lejos del ideal teórico, el ganador suele necesitar unos cincuenta.

A fin de cuentas un patrón es un patrón y, en un sentido matemático, no hay ningún estado más o menos desordenado.

El tiempo nunca negocia, pero nuestra percepción de su velocidad no es en absoluto estable. Mis nietos van tachando en el calendario los días anteriores a sus cumpleaños con grandes X y es como si el tiempo se arrastrara hasta la celebración. Tiene sentido, obviamente, porque en una vida de cinco años dos semanas suponen mucho más que en una vida de setenta, y lo natural es que lo sintamos así, como si el tiempo pasara de verdad más poco a poco. Del mismo modo, cuando un periodo corto está abarrotado de actividades, puede parecer que en realidad ha sido más largo. Si echo la vista atrás, hacia los intensos días de la fiebre inicial por el Cubo, soy incapaz de asimilar que pasaran tantas cosas en un espacio de tiempo tan breve.

La manera en que vemos el tiempo muestra las diferencias entre conocimiento y sentimientos. Objetivamente, siempre es igual, pero sentimos las diferencias.

El Cubo, ahora en su mediana edad, y yo hemos sido compañeros durante cincuenta años. Y qué medio siglo ha sido, cuántos acontecimientos políticos y tecnológicos y cuántas transformaciones. La velocidad del cambio tecnológico y científico entre 1974 y nuestros días no puede compararse con ningún otro momento de la historia humana.

Mientras los experimentamos, los cambios nos parecen tan graduales que ni siquiera los notamos, pero entonces echamos la vista atrás y vemos la importancia de su impacto.

Cuando Steve Jobs presentó el iPhone el 29 de junio de 2007, muy pocas personas, excepto las que trabajaban en la industria tecnológica —y seguramente ni siquiera ellas—, entendieron la total transformación de nuestras vidas que suponía. Casi todo el mundo tenía ya un teléfono móvil, desde niños a abuelos, pero ¿quién demonios necesitaba llevar consigo a todas partes un ordenador móvil capaz de almacenar más música de la que podrías escuchar en tu vida? Sin embargo, descubrimos muy rápidamente que necesitábamos un producto así. (Como era de esperar, yo tardé mucho en sumarme. Durante años tuve un móvil muy sencillo y, más tarde, cuando alguien de mi empresa cambiaba de teléfono, yo cogía el antiguo, cambiaba la batería y la tarjeta SIM y lo usaba hasta que dejaba de funcionar del todo. Después de años haciendo esto, los móviles sencillos desaparecieron y me tocó comprarme un teléfono inteligente.)

En solo cinco años, apenas un latido en términos de civilización, la tecnología punta se convirtió en parte de la vida diaria y, desde entonces, los cambios han sido profundos. Sin embargo, seguimos siendo iguales. Todo esto me recuerda a los libros de ciencia ficción que devoraba en la adolescencia —y que aún sigo adorando— en los que los autores parecieron prever la velocidad de las comunicaciones, el sorprendente trabajo con la genética y la tecnología altamente personalizada de la que disfrutamos hoy.

Esos libros solían estar ambientados en el espacio exterior, no aquí en la Tierra, y a menudo sucedían en el lejanísimo siglo XXI, porque se creía que tras el año 2000 viviríamos en una especie de mundo de ensueño.

De todos modos, el género de la ciencia ficción es muy distinto al de la fantasía, a pesar de que con frecuencia los metamos en el mismo saco y de que incluso algunos libros sean una combinación de ambos. Lo que define a la fantasía —seres míticos, personajes con poderes especiales y escenarios irreconocibles con animales y plantas que hablan— se ha mantenido bastante estable con los años. Aquello que considerábamos que era fantasía en el pasado seguirá siéndolo en el presente y en el futuro, porque la fantasía se crea a partir de fracciones de realidad pero sin conexión real con las leyes de la naturaleza. Pensemos en un dragón: tiene alas, vuela sin necesidad de plumas y lanza fuego. Los elementos de las criaturas de fantasía son reales, pero el modo en que se combinan es imposible. Así que, cuando hablamos de ciencia ficción, ¿qué significan ahí tanto «ciencia» como «ficción»? La unión de ambos términos nos habla de cosas que aún no existen, pero que no están en contradicción con las leyes de la naturaleza. Hace cien años podíamos pensar en naves espaciales y cohetes. Puede que no existieran, pero si nos ceñíamos a las leyes de la física, eran posibles.

Algunos de los cambios que imaginaron los autores de ciencia ficción fueron más radicales que los que han sucedido en realidad. Describieron, por ejemplo, un tipo de viaje a través del tiempo y del espacio al que ni siquiera nos hemos acercado. Y, sin embargo, también soñaron con muchas cosas que hoy en día consideramos triviales o que, como hacen mis nietos, directamente damos por sentadas. Ninguno de los escritores de ciencia ficción a los que yo leía sospechó que llegaría un momento en que, en vez de pedir un cuento, los niños buscarían sus vídeos favoritos en YouTube antes de irse a dormir. En aquellas narraciones, los problemas terrestres —pobreza, desigualdad, violencia— ya habían sido resueltos y los desafíos y posibilidades de la vida se encontraban en otros planetas y galaxias. Había cierto optimismo y confianza en la ciencia y la tecnología como caminos para resolver los problemas sociales y medioambientales y las tensiones políticas. Por supuesto, nadie entreveía lo serios y peligrosos que se volverían los problemas del medio ambiente.

Pero lo que nunca podrían haber comprendido del todo son los cambios que hemos experimentado en las últimas cinco décadas en relación con el resto de la historia humana. Y no hablo solo de grandes descubrimientos científicos o de cambios políticos, sino de algo cuya observación me resulta más interesante: los espectaculares cambios en la vida diaria del ser humano. Han brotado muchos trabajos y oficios nuevos y han desaparecido otros más viejos y tradicionales. Para mis nietos el mundo es un lugar mucho más abierto de lo que era para mí. Ya han visto más de él de lo que yo vi antes de cumplir los treinta. Su inglés es muy bueno y su futuro será muy distinto a cualquier cosa que yo pueda imaginar y mucho menos experimentar (eso sí, no puedo decir que será más fácil).

¿Qué clase de sociedades surgirán? ¿Habrá utopías o, más a la moda de ahora, distopías? En mis lecturas infantiles existían ambas, pero, si lees hoy en día sobre el futuro, casi todos ellos se presentan como distópicos. Siempre hay una catástrofe definitiva causada por algo: gérmenes, inteligencia artificial, una invasión alienígena, un desastre medioambiental. Pero todas estas amenazas se utilizan para expresar nuestros miedos. Ahí no hay fantasía. Las historias sobre laboratorios que trabajan con bacterias o virus para usarlos como armas no entran en contradicción ni con las leyes físicas ni con las de la existencia humana.

En mi vida he visto cómo nos hemos movido desde un periodo en el que la mayoría de la gente tenía opciones muy limitadas a uno en el que hay tanto para elegir que es difícil saber a qué hay que prestarle atención. No sería fácil ni aunque la información disponible fuese toda cierta, pero, no siéndolo, es mucho más complicado. Cuando pienso en mis nietos, creo que su mayor desafío será encontrar la información correcta que les permita decidir qué deben hacer. Pero no será sencillo que lleguen a convertirse en personas capaces de hacerlo. ¿Con qué necesitarán equiparse para poder determinar qué es falso y qué verdadero?

En el pasado la gente creía que era el centro del universo y que todo giraba a su alrededor. Antropomorfizaban el mundo natural y los objetos inanimados para imaginarse que tenían poder sobre la salida y la puesta del Sol, o quizás una relación personal con ellas.

El equivalente en el siglo XXI a esta visión del mundo es evidente si pensamos en nuestra relación con la inteligencia artificial. Siri, Google, los teléfonos inteligentes: todos utilizan inteligencia artificial. Y nos hemos acostumbrado tanto a interactuar con ellos que apenas podemos apreciar lo extraordinario que es poder decirle a un objeto que seleccione música por nosotros, que nos diga cuál es el camino más corto a un restaurante o que nos conteste adecuadamente cuando le hacemos una pregunta. Deberíamos estar asombrados, pero ya no es el caso. El velocísimo impulso evolutivo de la tecnología se ha integrado de algún modo en nuestra vida diaria.

Sin embargo, a pesar de haber visto y experimentado a lo largo del tiempo tantos cambios radicales, hemos mantenido una identidad estable, un núcleo inalterable. ¿Cómo es posible seguir siendo iguales cuando todo lo que nos rodea está tan radicalmente cambiado? ¿Deberíamos aceptar lo que hay y estar satisfechos, o ser críticos y mostrarnos incómodos? En mi opinión, creo que debemos ser ambas cosas a la vez todo el tiempo. Si siempre estás satisfecho, es poco probable que estés dispuesto a cambiar o incluso a adaptarte. Y si eres demasiado crítico, se vuelve imposible disfrutar de lo que tienes. ¿Dónde puede uno encontrar una especie de punto fijo?

La inteligencia artificial es interesante, importante y peligrosa, pero el riesgo no está en la tecnología, sino dentro de nosotros. Antes de nada deberíamos mirarnos en el espejo.

Nuestra historia nos muestra que, si queremos hacer algo, acabamos encontrando, de algún modo, una manera de conseguirlo más rápida y eficiente. El disfrute de experimentar que algo funciona eficazmente y sin consecuencias serias es parte de la naturaleza humana. La mayoría de nuestras creaciones son neutrales; uno no podría decir que un objeto es bueno o malo. Pero hay dos peligros omnipresentes: el potencial del objeto y las intenciones del usuario. Somos nosotros quienes hacemos que un objeto sea bueno o malo.

Hay un episodio de *Bob Esponja* en el que el Cubo, presentado como algo que trasciende las capacidades de los humanos, se convierte en sinónimo de *inteligencia artificial*. Acaba siendo usado como una especie de prueba de fuego para medir con exactitud el intelecto, la imaginación y la sofisticación de la inteligencia artificial mediante la demostración de que las máquinas pueden aprender con rapidez y de manera independiente a resolver el Cubo sin la ayuda humana. La mayoría de los análisis sobre la inteligencia artificial son complejos y teóricos, pero basta con introducir este rompecabezas tridimensional para que haya un punto de referencia medible y autónomo.

Algo parecido sucede con unos robots terriblemente complejos y eficaces que pueden resolver el Cubo más rápido que ningún humano. Estos robots han batido una y otra vez todos los récords posibles. Cuatro profesores del departamento de Ciencias de la Computación de la Universidad de California en Irvine, autores de un estudio titulado «Solving the Rubik's Cube Without Human Knowledge ('Resolver el Cubo de Rubik sin conocimiento humano'), enseñaron a un ordenador a resolver el Cubo mediante un método que llamaron *aprendizaje por refuerzo*, que consistía en hacer que el algoritmo aprendiese una norma que determinaba qué movimiento debía hacer desde cualquier posición dada. En solo cuarenta y cuatro horas consiguieron entrenar a este ordenador, al que llamaron Deep Cube, para que resolviera Cubos aleatoriamente desordenados. Luego compararon su rendimiento con el de otros dos.

Le dieron cien Cubos a Deep Cube y los solucionó en menos de una hora. Los científicos evaluaron el número de combinaciones que había necesitado en comparación con otras soluciones y lo que averiguaron fue que los algoritmos de aprendizaje automático resolvían el problema a través de reconocimientos de patrones, no de razonamientos. Combinar las redes neuronales con una IA programada para trabajar con símbolos hizo que la IA fuera capaz de usar conocimientos para resolver un problema particular, pero solo mediante el refuerzo de sus movimientos. Es diferente a, por ejemplo, los robots que juegan al ajedrez y han de elegir entre una jugada poco prometedora y otra que tiene más potencial de futuro.

El Cubo no es tan obvio: los movimientos prometedores que puedes hacer no solo son muchos, sino que aquellos que parecen erróneos pueden llevarte a soluciones interesantes.

Cuando se publicó el estudio de estos investigadores, se escribieron muchos artículos sobre lo que habían conseguido. Hasta el momento los ordenadores habían sido muy competentes en juegos como el ajedrez y el go, pero resolver el Cubo era algo mucho más complicado. En esos casos, la IA había aprendido a jugar y ganar mediante un sistema de refuerzo positivo.

La máquina era recompensada cuando elegía el movimiento correcto, de modo que acabó aprendiendo qué era lo que se necesitaba para ganar en ese juego.

Con el Cubo esto es mucho más complicado. Hay tantos movimientos posibles que uno nunca puede estar seguro de cuál te acerca más al objetivo.

Lo que estos investigadores lograron hacer fue abrirse paso a través del problema dejando que la máquina aprendiera a evaluar las opciones por sí misma: sorprendentemente, antes de decidir un movimiento, la máquina compara su estado actual con un Cubo ordenado y trabaja hacia atrás para evaluar qué movimiento lo acerca más a la solución. En junio de 2018, la revista *MIT Technology Review* anunció este logro diciendo: «Otro bastión de la habilidad y la inteligencia humanas ha caído ante el embate de las máquinas. Un nuevo tipo de máquina de aprendizaje profundo se ha enseñado a sí misma a resolver un Cubo de Rubik sin ninguna ayuda humana».

Un robot tiene dos partes básicas: un «cerebro» y una existencia mecánica. Cuando unos investigadores trataron de crear un robot que fuera capaz de andar como un ser humano, descubrieron cuáles eran los complejos detalles que integraban el proceso de andar. No es por accidente que no nos pongamos a andar de inmediato. Necesitamos tiempo para aprender a coordinar muchas partes de nuestro cuerpo y a equilibrarnos al tiempo que hacemos movimientos muy complicados, por no mencionar los factores que determinan cómo respondemos a nuestro entorno, sea subiendo las escaleras o dando un volantazo para evitar un bache.

Una de las tareas iniciales más complicadas con los robots fue también una de las más esenciales: hacer que aprendieran a girar el Cubo.

He visto un vídeo de una mano artificial jugando con el Cubo y es de admirar el modo en que se mueve mientras lo gira.

El otro desafío que encontraron los científicos tenía que ver con diseñar un programa que fuera capaz de dirigir a la máquina física hacia el objetivo de resolver el Cubo. Después de todo, para conseguir esto la máquina necesita de alguna clase de capacidad de percepción. Todo Cubo, sea cual sea su orden o su desorden, tiene un patrón que determina en qué punto del camino hacia la solución se encuentra.

Hay robots que han sido construidos con la habilidad especial de resolver el Cubo. Hubo uno, el RuBot, que tenía una cabeza y un brazo robóticos; hablaba, caminaba y resolvía el Cubo muy lentamente. A diferencia de los robots universales, hechos para que puedan desempeñar varias tareas, estos robots eran del tipo especializado y orientado hacia un objetivo, como los que fabrican coches. En una prueba entre robots para batir el récord de velocidad, ¡el actual campeón fue capaz de resolver el Cubo en menos de 0,4 segundos! Un parpadeo y ya está, se termina sin que hayas visto nada. Para captar algo necesitarías ralentizar la velocidad del vídeo en un factor de treinta.

Todo esto me recuerda a *Yo, robot*, el libro de 1950 de Isaac Asimov, una colección de relatos sobre robots. En uno de ellos describió las «Tres Leyes de la robótica», preceptos que nos serían muy útiles si los aplicásemos a la IA, especialmente a la versión superinteligente que está siendo desarrollada en laboratorios y departamentos gubernamentales e industriales de todo el mundo.

Las leyes son: 1) «Un robot no hará daño a un ser humano ni, por inacción, permitirá que un ser humano sufra daño»; 2) «Un robot debe obedecer las órdenes de los seres humanos excepto si esas órdenes entran en conflicto con la Primera Ley»; 3) «Un robot debe proteger su propia existencia siempre y cuando dicha protección no entre en conflicto con las leyes Primera o Segunda».

Cambiemos «robot» por «IA» y empezaremos a ver algunos de los desafíos que nos presenta y la necesidad de aplicar estas restricciones.

Lo que se espera es, al parecer, que la inteligencia artificial de un futuro lejano se nos parezca. ¿Cómo podría no parecérsenos? El primer ordenador en resolver el Cubo lo hizo aplicando una variedad de cualidades humanas, como el aprendizaje, la autonomía y el «pensamiento» racional. Pero ¿no quiere esto decir que el temor que a menudo nos hacen sentir la IA y sus implicaciones reflejan el miedo que nos tenemos a nosotros mismos?

Si la inteligencia artificial acaba siendo igual que nosotros, tenemos un problema. Y, sin embargo, como ya saben los padres, albergamos la esperanza de que la siguiente generación sea más lista que la nuestra y de que sea capaz de solucionar los problemas que hemos creado. Quizás incluso tenga más éxito que nosotros, que aún estamos sufriendo las consecuencias de los errores cometidos por quienes nos precedieron.

Cuando pienso en el Cubo, veo una estructura en movimiento. Veo el entramado de sus bordes, de sus esquinas y de sus flexibles articulaciones, además de las continuas transformaciones que suceden ante mí (antes de que empieces a preocuparte, te aseguro que puedo congelar esta imagen cuando quiera). No veo un objeto estático, sino un sistema de relaciones dinámicas. De hecho, solo veo la mitad de ese sistema. La otra es la persona que tiene al Cubo en sus manos. Tal y como sucede con cualquier otra cosa en este mundo nuestro, un sistema se define por su lugar dentro de una red de relaciones. La primera de todas, con los seres humanos. El método del diseño consiste en desglosar los sistemas en elementos modulares y en considerar cómo pueden desmontarse y reensamblarse de maneras completamente distintas.

Este es un enfoque fundamental en el mundo moderno. La palabra *sistema* tiene muchos significados, pero el más útil para mí está expresado en el fiable *Collins English Dictionary*: un sistema, afirma, «es un grupo o combinación de elementos interrelacionados, interdependientes o recíprocos que forman una entidad colectiva». Si analizamos cada parte de la frase, si pensamos en una entidad interrelacionada, interdependiente o recíproca, es fácil ver por qué esta definición me gusta tanto y por qué creo que tiene relación con el Cubo.

Un sistema nos anima a mirar con visión panorámica: ¿cómo encaja ahí un elemento individual? Si una cosa tiene una estructura, debe haber algo que la mantenga unida. Tendemos a pensar en las estructuras como algo físico, pero también tienen relación con cómo los elementos se unen e interactúan.

Un enfoque sistemático significa ver un elemento —una criatura, una planta, un río, una familia, la Tierra, un pequeño cubo blanco— como parte de algo mayor que está formado por entidades más pequeñas. Pero también significa prestar atención a los varios componentes que conforman una única entidad. Si divides un sistema en elementos, lo que resulta suele describirse como una interacción de elementos tanto en el exterior como en el interior.

Lo más probable es que te sea familiar uno de los embajadores más populares del diseño de sistemas: los muebles modulares. Aunque nunca los hayas experimentado de primera mano, son una buena manera de explicar lo que quiero decir. Piensa, por ejemplo, en estanterías que puedan combinarse de distintas maneras o en un sofá que pueda separarse en piezas individuales. Seguramente no te sorprenderá saber que una vez diseñé sistemas para muebles modulares. Sea como sea, el caso es que cada parte de un mueble modular es autónoma pero a la vez está conectada con las otras piezas.

Los sistemas aparecen por todo el territorio de la actividad humana, desde la economía a la tecnología de la información, desde la dirección de empresas a, por supuesto, el diseño. Pero, a pesar de todo, creo que los sistemas tienen implicaciones mucho mayores que las que normalmente pensamos. En su nivel más básico, el cambio creativo tiene como impulso la reorganización de elementos de redes ya existentes. Reconocer la riqueza de esta perspectiva y poder extraer de ella nuevas soluciones es un activo inestimable en el proceso creativo.

El sistema del Cubo es, en realidad, tres sistemas: el de la construcción, el de la función y, el que más gente experimenta, el de la interacción. Es decir, el de una persona interactuando con el Cubo.

El Cubo como construcción es un sistema cerrado en el que todos sus elementos ensamblados están contenidos. Pero una vez que alguien comienza a jugar con él, se convierte en un sistema operativo abierto porque no puede moverse por sí mismo. El sistema es bastante pequeño —no hay muchos elementos— y no es jerárquico: los elementos son distintos e individuales, pero ninguno es más importante que el otro.

Cada elemento del Cubo muestra solo su capacidad de funcionar individualmente, y nada más. Con tantos lados como colores y tantos colores como orientaciones, su orientación se ajusta a su forma y a su función. Las esquinas tienen tres lados, tres colores y tres posibles orientaciones; los bordes tienen dos lados, dos colores y dos posibles orientaciones; y los medios tienen un lado y un color, y por lo tanto muestran solo una orientación (aunque, en realidad, los medios tiene cuatro, lo que se habría hecho visible con un tipo de codificación distinto).

Es un sistema más complejo de lo que habrías imaginado, ¿no? Ninguna característica es más importante que las otras, pero juntas consiguen algo extraordinario.

No obstante, es necesaria una persona que juegue con el Cubo. Cada ser humano es un sistema de una sofisticación extrema, poseedor tanto de capacidades físicas como mentales con sus respectivos límites. En este caso nos interesan los movimientos motores de manos y dedos y la percepción visual, pero el papel más importante en este sistema lo desempeña el cerebro, que interpreta todo lo que está ocurriendo. Sin embargo, el cerebro crea sus propias dificultades haciendo suposiciones, siendo incapaz de recordar, perdiendo el rumbo. Cuando muchas personas que disfrutan del Cubo buscan a otras que también lo hacen, entonces se crea una comunidad. Y cuando mucha gente se involucra en estas comunidades, interactuando e intercambiando conocimientos, influyéndose mutuamente y admirando lo que hacen otros, ¿qué sucede? Pues sí, ¡otro sistema!

El Cubo no es un sistema inflexible, pero es clave priorizar lo importante y mantener una estructura básica. Cambiamos pequeños detalles todo el tiempo, llevamos ropas distintas cada día, pero hay algo que nos caracteriza, y mantener esto es lo mejor que podemos hacer. De hecho, ser capaces de mantener esa constante no es, en sí mismo, poca cosa.

Antes de encarar los ignotos misterios del Cubo, dejadme que hable de lo que más conozco de él; de algo que, aún hoy, me parece su misión más importante: ya que mi nombre se ha convertido en una marca, me gustaría que fuese una marca educativa. Quiero que *Rubik* fomente la curiosidad de los estudiantes y que alimente una pasión duradera por la complejidad, la creatividad y la innovación.

En 2014, durante el ajetreado año del cuarenta aniversario del Cubo, me invitaron a Cambridge Union, la histórica sociedad de debates de la prestigiosa universidad. Fue una experiencia única y memorable que compartí con importantes matemáticos, científicos y psicólogos de renombre mundial. Hablamos de las sorprendentes intersecciones entre el autismo y el talento, y de que, aunque nos resulte inesperado, los niños y los adultos con autismo, incluso los casos graves, son a veces muy brillantes con el Cubo (tanto es así que uno de los mejores jugadores del mundo en la actualidad es autista). Seguramente, una de las muchas razones que explican esto sea su impresionante capacidad para concentrarse y mantener una atención inquebrantable ante un reto. Un niño con autismo puede tener pocas habilidades sociales, pero tiene una capacidad de concentración que mucha gente debería envidiar.

Aunque es maravilloso ver cómo florece con el Cubo alguien que es marginado en otros ámbitos de la vida, la verdadera emoción viene cuando consideramos sus posibilidades educativas en términos más generales. Mis anfitriones en Cambridge me ayudaron a descubrir la ciencia que hay tras este gran potencial.

El Cubo se basa en las habilidades cognitivas y emocionales que están en el centro mismo del aprendizaje y el éxito en el siglo XXI. Resolver el Cubo requiere y mejora la memoria de trabajo visual (que resulta ser un mejor indicador temprano de logros académicos que las puntuaciones del coeficiente intelectual) y, a medida que uno se familiariza con él, como sucede con los *speedcubers*, es también una excelente ilustración de la «memoria procedimental» en acción, que es como diríamos en jerga psicológica que nuestro cuerpo y nuestra mente saben cómo hacerlo.

Más allá de las muchas otras habilidades cognitivas ya mencionadas (como el pensamiento espacial, el reconocimiento de patrones o la atención sostenida) y de las obvias habilidades motoras, la resolución del Cubo también tiene que ver con nuestras emociones. En primer lugar, nos enseña a tolerar la frustración. Es un rompecabezas improbablemente difícil y las recompensas son para aquellos que pueden apreciar todo el viaje, no solo el destino final. Al mismo tiempo, exactamente por ser tan desafiante, la gratificación cuando se tiene éxito es muy significativa. Llegar a la solución aumenta la autoestima gracias a un fuerte sentido de la propia competencia, lo que puede transmitirse a otras tareas mentales exigentes. Además, el éxito final es reconocido de inmediato por cualquiera —solo hay que pensar en el personaje de Will Smith en *En busca de la felicidad*—, de manera que invita al reconocimiento social.

Por todas estas características y más, ¡el Cubo es un educador natural! De hecho, nació como una herramienta de enseñanza para mis propios estudiantes, que ahora son, en su mayoría, abuelos como yo. En todo este tiempo hemos visto que el Cubo se siente a gusto tanto con matemáticos de alto nivel y expertos en teoría de grupos, geometría y simetría como con especialistas en ingeniería, robótica o informática. Al mismo tiempo, el hábitat natural del Cubo va desde las manos de niños pequeños que juegan y aprenden hasta las de adolescentes y jóvenes adultos que son capaces de dominarlo hasta convertirse en campeones mundiales como *speedcubers*.

El *edutainment*, o 'entretenimiento educativo', es un concepto reciente que sugiere que para los niños el aprendizaje debería parecerse a jugar o a entretenerse y que sus profesores deberían tener la confianza de que así imparten una verdadera educación. (Una vieja profesora de Matemáticas amiga mía bromeó una vez con que el gran problema práctico de este concepto, que de otro modo sería el más atractivo posible, es de dirección. Cuando los niños están disfrutando del proceso de aprender una tarea, es el profesor quien lo considera un entretenimiento; y cuando la profesora cree que entretiene, ¡los niños aun así lo siguen percibiendo como educación de la de toda la vida!)

El Cubo es uno de los pocos ejemplos en que el entretenimiento educativo es una experiencia fluida. Los profesores lo aceptan con gusto como un vehículo para enseñar y los estudiantes disfrutan del aprendizaje mediante el juego que proporciona el Cubo.

Hace más o menos una década se dio en Estados Unidos un intento de reformar la enseñanza de la ciencia. Esto resultó en el desarrollo de lo que primero se llamó *educación CTIM*, un término que agrupa cuatro campos científicos (ciencia, tecnología, ingeniería y matemáticas), o CTIMA, un concepto que yo prefiero porque incluye a las artes.

En este contexto, los profesores empezaron a usar el Cubo como herramienta educativa. Incluso se creó un programa llamado You CAN Do the Rubik's Cube, que tiene como objetivo ayudar a centros educativos, desde guarderías a institutos, a que puedan usarlo no solo para enseñar a resolver el Cubo y a experimentar los beneficios de lograrlo, sino también para aprender muchos otros conceptos distintos.

Este programa ayuda a los profesores a relacionarse con sus alumnos de una manera interactiva y tangible mientras imparten lecciones sobre algoritmos, geometría de sólidos, proporciones, operaciones matemáticas, pensamiento algebraico e incluso física. Hay otro módulo en que los estudiantes aprenden cosas sobre Fibonacci, el código que creó y la relación de la sucesión de Fibonacci con la vida real y la espiral perfecta. Los estudiantes practican dibujando espirales perfectas y aprenden que los patrones y las tramas son conceptos matemáticos que nos rodean. También pueden aprender ingeniería determinando un problema y buscando de manera sistemática una solución. Uno de los ejercicios que hacen, por ejemplo, es averiguar cómo usar el Cubo para jugar al tres en raya.

Una de las grandes aventuras que la educación CTIMA me deparó fue colaborar con Google y el Liberty Science Center, una de las mayores instituciones de su tipo en Norteamérica, en la organización de una exposición interactiva llamada «Más allá del Cubo de Rubik». Esta muestra estaba basada en experiencias de aprendizaje inmersivo mediante las cuales se invitaba a los visitantes a comprender, de forma lúdica, conceptos a veces desconcertantes, desde algoritmos y resolución de problemas hasta la construcción e invención de modelos. La exposición se inauguró en 2014 y aún sigue recorriendo centros científicos de Estados Unidos y Canadá.

El Cubo se ha convertido en un consumado profesor, desde el jardín de infancia hasta la educación de posgrado. En cada nivel se las arregla para hacer lo que los grandes maestros han hecho desde Platón: ponerse al nivel de sus estudiantes y elevarlos.

Un misterio no es solo algo que no podemos entender, porque esa idea sugiere que otra persona, con el esfuerzo, la ayuda o el aprendizaje necesarios, sí podría. Dado el crecimiento del conocimiento científico, hay muchos fenómenos antes misteriosos que ahora están en el terreno de lo comprensible, pero muchos otros, por suerte, no lo están. Aún siguen ahí los misterios de la consciencia, de la vida y la muerte, del amor y del arte. Max Planck, el gran físico, dijo una vez: «La ciencia no puede resolver el misterio último de la naturaleza. Y esto es porque, de algún modo y a fin de cuentas, somos parte de la naturaleza y, por tanto, parte del misterio que estamos tratando de resolver».

Esta observación de Planck significa mucho para mí. Es más fácil entender ciertas cosas desde fuera, con un poco de desapego, que desde dentro. Así que quizá, de algún modo, yo sea el menos indicado para hablar de los misterios del Cubo.

El Cubo contiene muchos, pero estos tres me resultan especialmente irresistibles: el misterio del tiempo que lleva con nosotros, el misterio de lo profundo que puede ser su efecto emocional en un individuo y el misterio de su gran impacto mundial. ¿Cómo pudo este pequeño objeto idiosincrásico volverse tan popular y seguir siéndolo? De hecho, ¿por qué se desató una locura en torno a él? ¿Y por qué no se quedó en el pasado, sino que ha continuado teniendo una presencia activa durante dos décadas de un nuevo milenio?

Los misterios son evidentes en muchos detalles de nuestras vidas que damos por sentados. Si tenemos curiosidad y capacidad para detectarlos, cada esquina que doblamos está llena de misterios. Una vez que empezamos a pensar en ellos más analíticamente, una vez que entramos en mayores profundidades para entender cómo funcionan o cuál podría ser su esencia, su aparente simplicidad se rompe. Por ejemplo, damos por sentado el lenguaje hasta que empezamos a aprender un idioma extranjero. Entonces los vastos misterios de nuestra lengua materna comienzan a hacerse patentes, desde la adquisición básica del idioma hasta la comprensión de los patrones de pensamiento más sutiles y profundos de los hablantes nativos, así como de los ritmos y el significado más profundo de la poesía.

También hay entidades que, aunque las experimentemos como simples, están en aparente contradicción con nuestro conocimiento del mundo. Por ejemplo, el misterio de la vista. Los científicos han desenredado gran parte de la madeja de la biología y la neurociencia de la vista, pero aún no han podido explicar la experiencia individual real de lo que significa ver para humanos y animales. Pueden explicar su mecanismo, pero no lo que cada individuo experimenta cuando mira por la ventana, cuando observa un cuadro o, especialmente, cuando contempla su imagen en el espejo.

Es como si atravesáramos un ciclo: cuanto más conocimiento acumulamos sobre un fenómeno concreto, natural o creado por el hombre, más pasa de ser algo misterioso a algo meramente «complicado» y, después, a una cosa sencilla, hasta que sondeamos y cuestionamos los elementos de su simplicidad y hacemos que entre de nuevo en el reino del misterio. Solemos decir de algo que es «complejo» cuando no podemos entenderlo, pero la complejidad en sí misma no es un misterio.

Hay cosas que parecen ser en extremo complicadas a primera vista. Nos provocan la inmediata sensación de ser inmensamente difíciles y de estar compuestas por innumerables y muy sutiles aspectos más allá de nuestra comprensión. Pero esto es positivo: implica que algo es valioso, invita a comprender y sugiere la posibilidad de descubrir valores ocultos y nuevos.

La sencillez es mucho más misteriosa que la complejidad porque da la impresión de que todo lo que necesitas saber está justo delante de ti. Pero no es así. A partir de aquí empiezas a darte cuenta de que aquello que creías que era simple es en realidad extremadamente complejo y, entonces, las preguntas pueden comenzar.

Por alguna profunda razón, las formas evocan emociones en todos nosotros. Obviamente, al menos en teoría, una forma no es ni mejor ni peor que ninguna otra. Pero, por algún motivo, cuando las vemos no en relación con las demás, sino en relación con cómo nosotros respondemos ante ellas, algunas nos gustan más que otras; una nos atrae y otra nos repele, una nos resulta familiar y la otra extraña, una parece simpática, y otra, antipática.

De entre todas las formas posibles hay una que, por supuesto, me atraía más. Pero ¿por qué un Cubo? ¿Qué es lo que tiene este pequeño sólido que tanto me llama? El cubo es una forma antigua, uno de los sólidos platónicos, y tiene un carácter muy básico y fundamental. Parte de ese carácter estriba en la relación de 90 grados entre sus bordes. El cuadrado es por sí mismo muy familiar y fácil de reconocer, y cada uno de los lados es bidimensional. El ángulo recto es probablemente uno de los primeros ángulos descubiertos. Estar de pie, después de todo, es uno de los primeros logros humanos, lo que nos distinguió de los simios. El Cubo, en ese sentido, sigue en pie.

Pensemos ahora en el misterio de la gravedad. ¿Quieres plantar un palo en la arena? Si lo pones en vertical se quedará ahí, pero en cualquier otro ángulo acabará cayendo. El ángulo recto tiene una especie de distinción elevada sobre los demás y esto es algo que puede verse en los bordes del ángulo recto del Cubo, que no son ni afilados ni cortantes; solo son, bueno, perfectos. Si me preguntaran, diría que me gusta cómo el Cubo se define por su angularidad —a diferencia de la esfera, que carece de esta cualidad ya que todos sus puntos son idénticos— y su regularidad, que supera a la de los demás sólidos platónicos. Puedes hacer una marca en la esfera, pero la esfera no se marca a sí misma, lo que nos evoca una extraña sensación de inseguridad. El menor número de elementos sugiere un nivel de regularidad (o simplicidad) más alto.

Es difícil explicar las emociones; sus muchos aspectos entrelazados dificultan un análisis directo. Solo podemos comunicar emociones con éxito a aquellas personas que las comparten o las han compartido de algún modo. Es decir, a quienes están en nuestra misma longitud de onda. Ahora que lo pienso, espero que todo el mundo haya experimentado algo similar en relación con el Cubo, incluso sin haber sido nunca consciente de ello.

Como arquitecto, el espacio tiene para mí un sistema de coordenadas ortogonales, lo cual es una manera elegante de decir que todos los ejes se encuentran en ángulo recto. Esto se debe al hecho de que vivimos en un campo gravitatorio cuya fuerza de atracción tiende al centro de la Tierra. Nuestro planeta es lo suficientemente grande como para que experimentemos la superficie curvada en la que vivimos como si fuera plana, lo cual es relativo a la dirección vertical de la fuerza gravitatoria (sería divertido escribir una historia de ciencia ficción sobre un planeta tan pequeño que sus habitantes pueden experimentar su curva).

La arquitectura —o, dicho más crudamente, el acto de construir— es una lucha contra la gravedad. No puedes eliminarla, todo lo que puedes hacer es adaptarte a ella, una experiencia que debe de haber sido de las primeras vivencias intelectuales del *Homo sapiens*. De hecho, todos los que vivimos en la Tierra —plantas, animales, personas— lo hacemos. Hemos logrado adaptarnos a la gravedad y ya no la notamos; es un hecho de la vida desde nuestros primeros y tentativos pasos. Hicieron falta miles de millones de años desde la aparición de los primeras y diminutas señales de vida en la Tierra para que los astronautas fueran capaces de liberarse de esta fuerza implacable. Los arquitectos debemos tener en cuenta la gravedad a cada minuto porque es el factor más crucial de todo nuestro trabajo, desde los detalles más insignificantes hasta las grandes cuestiones estructurales.

A pesar de todo, esto deja abierta la pregunta de por qué algunos objetos nos provocan sentimientos positivos mientras que reaccionamos de manera negativa ante otros. Como vivimos en un mundo tridimensional y nos rodean todo tipo de formas, reconocemos los objetos que nos envuelven precisamente por sus formas: los ángulos de una casa, los cilindros de los árboles, los círculos de los neumáticos de nuestros coches rectangulares... Aunque no seamos conscientes, estas formas tienen un peso y un significado emocionales.

Si uno de los misterios del Cubo es su figura, otro es su identidad 3 x 3 x 3. Los números han despertado la imaginación de la gente desde la Antigüedad y han llegado incluso a inspirar una rama propia del misticismo. Algunos números se consideran como símbolo de la buena suerte, por ejemplo, mientras que otros son vistos como de mal agüero. Para mí, el número tres parece tener un significado particular; de alguna manera extraña, me resulta importante para explicar la relación entre el hombre y la naturaleza.

El tres es uno de los números primos. En algunas culturas es el símbolo de la perfección y representa la unidad del cuerpo, el alma y la mente; de la tierra, el mar y el cielo; del poder, el conocimiento y la existencia; o de Dios, la naturaleza y la humanidad. Por ejemplo, Pitágoras, el gran filósofo y matemático del siglo VI a. C., explicó por primera vez la relación entre los tres lados de un triángulo, creyó en la estructura tripartita del universo y postuló que cada problema podía reducirse a un triángulo y al número tres.

Si menciono estas referencias históricas es para tratar de sugerir que el número tres tiene alguna clase de poder, que refleja leyes y estructuras ocultas del universo. La gente a menudo tiene la sensación de que algo está completo si tiene tres componentes, porque este número evoca cierta unidad ideal. Las mesas y sillas más estables, de hecho, tienen tres patas.

El tres es importante casi en todas las religiones: la Santísima Trinidad, por ejemplo, es la creencia central del cristianismo. El Árbol de la Vida se divide, asimismo, en tres partes simbólicas: las raíces, que representan las creencias; el tronco, que representa la mente y el cuerpo; y las ramas y hojas, que simbolizan la sabiduría.

Vivimos en tres dimensiones —altura, anchura y profundidad— y el tiempo se divide en pasado, presente y futuro. Los antiguos egipcios también dividían el tiempo en tres partes, pero, para ellos, un mes no se dividía en cuatro semanas de siete días, sino en tres grupos de diez días. Para los festivales religiosos se requerían tres piezas de fruta, se los enterraba con tres piedras y hacían sacrificios a los dioses tres veces al día. En la Antigua Grecia, Cronos —el Tiempo— tenía tres hijos: Zeus, rey de los cielos; Poseidón, señor de los océanos; y Hades, amo del inframundo, donde habitaba Cerbero, el perro de tres cabezas. Además, el oráculo de Delfos se sentaba en una silla de tres patas. La duración de un año bisiesto, por si fuera poco, es de trescientos treinta y tres más treinta y tres días.

Todos sabemos que a la tercera va la vencida. Los húngaros creemos que a la tercera es cuando se dice la verdad y los franceses afirman que todo lo bueno viene de tres en tres. En Hungría, además, tenemos este dicho: «*Három a magyar igazság és egy a ráadás*», que significa 'El tres es la verdad húngara, y uno más'.

Y no deberíamos olvidar la frase latina «*Omne Trium Perfectum*» 'Todo lo que viene en tríos es perfecto'.

En la vida del Cubo hicieron falta tres años para que fuese manufacturado por primera vez (y yo, entonces, tenía treinta y tres años).

Le hicieron falta tres años para que atravesara el Telón de Acero.

Y la fiebre que desató el Cubo duró, sí, tres años.

El movimiento es otra de las alegrías y fuentes secretas del misterio del Cubo. El proceso de romper un sólido mediante el movimiento es un poco como la cuadratura del círculo, pero no en el sentido del antiguo problema matemático, sino en el de intentar lo imposible. La angularidad de una forma cuadrada múltiple puede parecer imposible de rotar y, sin embargo, es capaz de girar. La libertad de los giros es, de hecho, otra fuente de desorientación.

El giro y la rotación tienen un misterioso atractivo por sí mismos; un torno de alfarero es un ejemplo perfecto de la manera en que se pueden crear formas mediante giros. Todos hemos sentido alguna vez la emoción de girar. Los niños se quedan hipnotizados con una rueca o una peonza. Los derviches giradores, descendientes de Rumi, místico sufí del siglo XIII, giran con una velocidad y disciplina que parecen imposibles para los meros mortales, pero al hacerlo creen vislumbrar lo divino. Todos recordamos esa sensación de maravilloso mareo después de haber montado en el loco carrusel de un parque de atracciones, tras haber dado vueltas y vueltas hasta tambalearnos y abandonarnos a la magia del vértigo, atraídos por el peligro controlado de ese espacio. Quizás en este sentido jugamos con la aterradora pérdida de control de algo fundamental para nuestro funcionamiento en el mundo: el equilibrio y la correcta orientación.

Esta reacción al giro puede ser incluso más primitiva: está relacionada con la forma en que la Tierra gira, creando así nuestros días y nuestras noches, y con la forma en que nuestro azul planeta viaja alrededor del Sol para que tengamos estaciones, verano e invierno entre ellas. En cuanto la humanidad entendió este fenómeno, empezó la civilización. Fue el primer indicio de que se podía comprender el funcionamiento del universo y el movimiento de los cuerpos celestes.

Por su parte, el giro como fuente de entretenimiento es también algo común. Solo hay que pensar en la rueda de una ruleta, aunque ese sea un juego de azar, como lanzar unos dados. Dar vueltas suele ser una experiencia de todo el cuerpo, mientras que girar es algo más autónomo, más restringido. Girar algo con la mano puede ser especialmente satisfactorio porque es una actividad en armonía con el modo en que funcionan nuestras articulaciones. La capacidad de girar es una de las características más insólitas del Cubo como estructura; es lo que hace que, cuando comprobamos cuánto cambio se puede crear con unos simples movimientos, parezca que esté vivo. Otro aspecto que hace que la rotación sea misteriosa es la dificultad a la hora de seguir o imaginar sus resultados. En húngaro tenemos una palabra para referirnos a alguien con una manera de pensar poco convencional: *Csavaroseszű*, que literalmente quiere decir 'mente torcida'. Contra lo que pueda parecer, esta palabra tiene una connotación positiva, ya que sugiere que alguien no solo es listo, sino que su manera de pensar es muy original y establece conexiones sorprendentes e impredecibles. Como sabe cualquiera que haya jugado con el Cubo, a veces parece imposible discernir cuáles son las conclusiones lógicas de cada secuencia de rotación.

Incluso el mismo aspecto del Cubo es misterioso.

Su forma, elemental hasta lo extremo, no revela nada a primera vista, no dice nada sobre los desafíos que contiene. De hecho, no es casualidad que tantas veces se haya descrito su aspecto como «inocente», lo que pone de relieve una de sus contradicciones más importantes. Algunos objetos desconciertan tanto a primera vista como unas instrucciones de montaje en japonés (para quienes no sepan este idioma, claro), pero el Cubo, cuando está en calma, es radicalmente simple. Cuando todos los colores están en su sitio, transmite paz, orden y seguridad. Pero la regularidad de sus formas, la recurrencia de patrones idénticos, la tranquilidad de los planos y la compacidad de la forma cerrada están en aguda contradicción con todo lo que ocurre una vez que se le da vida, una vez que se mueve y cambia.

Su movimiento es bastante libre y se basa en conceptos humanos fundamentales: orden, armonía, desorden y caos. He llegado a la conclusión de que la conexión de estos elementos es crucial, sobre todo porque no son objetivos, sino que dependen de nuestra relación con lo que nos rodea. Decimos *orden* cuando pensamos en las leyes, pero también es un concepto con una connotación de previsibilidad. El orden implica una garantía de orientación, como el orden alfabético, el orden del inventario de una tienda, los soldados desfilando en orden, los trenes saliendo de la estación a su hora o el orden de los números. Cuando algo está en orden, sabemos que todo ocupa su lugar en el tiempo y en el espacio.

El orden es, desde luego, una característica valiosa, pero no es suficiente. Necesitamos algo más allá, necesitamos armonía. Algo armónico tiene unas proporciones correctas, y es esto último un elemento subjetivo. Puede ser tranquilizador, irritante, agradable o desagradable, pero, incluso cuando hay disonancias, estas están equilibradas de un modo armonioso. Normalmente entendemos *armonía* en un sentido clásico, es decir, como la medida de algo idílico, sin contradicciones, una novedad formada mediante la unión de elementos autónomos. Para mí es, sin embargo, nada más y nada menos que una proporción correcta en el espacio y en el tiempo, definida por una red de relaciones interactivas cuyo resultado puede ser la belleza y la verdad. El orden quizá sea muy aburrido, pero la armonía es especial. Decimos que algo está «en armonía» porque podemos sentirlo.

El desorden es el grado de divergencia respecto a un orden imaginado o esperado. Es posible medirlo, pero el caos es un desorden inconmensurable, ya que tiene demasiados componentes y no hay ningún punto de referencia a partir del cual ordenar. Si solo están desordenados unos pocos elementos, siempre podremos encontrar una manera, una ley o una institución que pueda imponer orden. Pero cuando los elementos que hay que calcular son demasiados, entonces hablamos de «caos». Y, sin embargo, podemos sostener el caos del Cubo en las palmas de nuestras manos. Qué sorprendente es que un objeto tan pequeño, compuesto de tan pocos componentes, pueda lograr algo así. El caos del Cubo nace de las garras del orden. Una y otra vez, su orden se establece, se pierde y se restablece de la misma manera. Los Cubos, móviles y coloreados, crean contra su fondo oscuro un caos en la superficie. Los cambios y los movimientos suceden frente a nuestros ojos. Podemos mirarlos e incluso intentar seguirlos, pero en realidad no vemos lo que está sucediendo realmente: es como si fuera el juego de manos de un prestidigitador, pero sin magia. Las secuencias de orden-desorden-orden-desorden tienen un efecto acumulativo, como un tambor que da ritmo a la música de los colores.

Y, además, hay otro misterio en el que poca gente repara: la función de la vigésimo séptima pieza, el núcleo invisible. Es estable, nunca se mueve y es el punto en el que se cruzan los tres ejes. Siempre habrá dos direcciones a partir de las cuales se forme un sistema de coordinación de 90 grados en relación con cada una de ellas, así que este elemento del medio genera conexiones entre todas las piezas y crea la fuerza que las mantiene unidas.

El núcleo se convierte así no solo en un hecho mecánico, sino en la metáfora del poder del Cubo en el mundo. Del mismo modo que ese cruce central secreto mantiene unidos a todos los Cubos, así, a su manera tranquila y equilibrada, el Cubo une a la gente. No importa lo frustrante o educativo que sea, este rompecabezas tridimensional invita a todo el mundo a hacer una pausa y empezar a jugar. Y, una vez lo hacen, se les pone en la cara esa expresión que vi hace tiempo con mi hija en el parque de Budapest, la del niño despeinado y la acaudalada madre. Caras reposadas, pero también intensamente concentradas, vueltas hacia dentro, desconectadas del mundo exterior. Parecía, de hecho, que estuviesen meditando.

Hace pocos años fui a París con motivo de un campeonato mundial de *speedcubing*. Me he ido acostumbrando a estos eventos, a la intensidad de los jóvenes, a la sorprendente velocidad con la que llegan a la solución, a la emoción de un torneo que depende de pequeñas fracciones de segundo (solo para que os hagáis una idea, una vez vi a un par de gemelos competir entre sí y el ganador venció por solo un milisegundo, es decir, la milésima parte de un segundo). Cuando voy a estos eventos soy ahora la eminencia gris, el distinguido y viejo creador, alguien a quien unos tienen en gran estima pero que deja perplejos a otros. ¿Cómo es posible que este anciano húngaro, sencillo y anodino, haya creado este milagroso objeto? Sin embargo, se arremolinan a mi alrededor y me dan Cubos (muchos de ellos falsos), papeles, libretas, fotos y camisetas, y me piden que las firme como si fuera un actor, un deportista o un político de renombre.

En aquel torneo de París, mientras estaba en la pequeña sala de descanso de los trabajadores de la organización, aparte de la multitud que había en la sala de exposiciones, me dijeron que había dos niños que querían conocerme y me preguntaron si me parecía bien hacerlos pasar. Claro que sí, dije. Entonces entraron una niña de unos once años y su hermano, un niño que debía de tener unos seis, sosteniendo un Cubo cada uno para que se los firmara. La niña me dijo que su hermanito aún no lo había resuelto, pero que ella había empezado a jugar el año anterior y era cada vez más y más rápida. Le pregunté cuánto y dijo con timidez que su marca era de dieciocho segundos. Era un tiempo impresionante, mucho mejor que el mío, de hecho, pero en el mundo del *speedcubing* no era muy bueno, y ella lo sabía.

«Me encanta», me dijo, igual que si estuviera hablando de un amigo, y entendí que en realidad lo estaba haciendo.

Firmé sus Cubos y se fueron, pero entonces el niño dio la vuelta, corrió hacia mí y me abrazó de un modo afectuoso, espontáneo e inocente. Aquello me cogió por sorpresa y debo reconocer que me conmovió. Luego levantó la vista, sonrió y corrió junto a su hermana.

Fue muy rápido. Me quedé de pie, pensando en los dos niños, en cuántos otros habrían tenido esa conexión con el Cubo. Cuando lo hice y lo lancé al mundo, tenía fe en él. Sabía que era interesante, incluso emocionante. En lo más hondo de mí, pensaba que llegaría a la gente. Pero aunque siempre había creído que la curiosidad intelectual es parte de lo que nos hace humanos, para mantener viva esta fe también había tenido que enfrentarme a las evidencias de lo contrario. En cualquier caso, confiaba en que interesaría a aquellos cuya manera de pensar era parecida a la mía, como los arquitectos, diseñadores e ingenieros, y en que los problemas teóricos que presentaba el Cubo tendrían su encanto para matemáticos y científicos. También en que atraería a los adultos y a los niños a los que les gusta jugar con rompecabezas.

Sin embargo, me sorprendió ver que su impacto no se ciñó solo a estas partes de la sociedad, sino que encontró un camino hacia gente de la que nadie habría dicho que se sentiría fascinada por algo así. Fuese en un país desarrollado o subdesarrollado, en grandes capitales o en pueblos pequeños, en el campo o en un atracción turística, en un museo o en una galería de arte, no podía dejar de maravillarme y asombrarme por la intensidad de quienes jugaban con el Cubo. Ese pequeño objeto reforzó mi convicción de que hay algo universal en la naturaleza humana que no tiene nada que ver con la edad, el estatus o la raza, y tampoco con dónde nacemos o de qué, cómo y dónde vivimos.

Su virtud más significativa, y quizá la clave para desbloquear uno de sus misterios más profundos, es la de las conexiones que puede conseguir. Lo que el Cubo oculta puede hallarse dentro de cada uno de nosotros: la capacidad de ser independiente y estar al mismo tiempo conectado, la capacidad de sentir de manera infantil la emoción del descubrimiento, del asombro, de un orgullo inocente, sin que importe lo viejos, o incluso cansados, que estemos.

Después de un largo y duro esfuerzo, solo o con la ayuda de un vídeo de YouTube o de un libro de instrucciones, es posible que hayas resuelto el Cubo. ¡Puedes decirle al mundo que lo has conseguido! Pero, entonces, ¿por qué tienes la sensación de que no has terminado pese a que la tarea ya está completada? De algún modo, es como si sintieras la necesidad de hacerlo de nuevo. Quizá lo has solucionado por casualidad. O tal vez sabes que puedes ir más lejos, no solo en la solución, sino en descubrir más, aprender más, entender más.

Lo normal cuando resuelves un puzle es que ahí termine todo. La última pieza ya está en su sitio y el cuadro parece listo para ser enmarcado o descartado.

No es el caso del Cubo. Y esa es una de sus cualidades más misteriosas. El final siempre se convierte en un nuevo comienzo.

Entrevista con los autores

En mi sueño yo era dos gatos que jugaban el uno con el otro.

Frigyes Karinthy

Tres sería aún mejor.

El Cubo

ENTREVISTADOR: *Muchas gracias por estar con nosotros, señor Rubik. Antes de empezar, tengo un Cubo aquí conmigo. ¿Me lo podría firmar? ¡Gracias! De acuerdo, empecemos con una pregunta sencilla: ¿están satisfechos con su libro?*

(Al unísono)

RUBIK: Como siempre, tenía expectativas más altas.

CUBO: ¡Sí! ¡Totalmente!

E: *¿Por qué no se explican por separado?*

R: Como ya dije al principio del libro, tengo problemas con la escritura y con la expresión verbal. Yo quería un libro que contuviera la misteriosa existencia del Cubo en el mundo y también mi vida más allá de él. Cuando empecé este proyecto, estaba decidido a hacer que el libro no tuviera una estructura evidente. O una narrativa. Desde luego, no quería que tuviera capítulos y me lo imaginaba sin principio ni final. Por supuesto, las cosas no funcionan así en el mundo real. Ahora espero que los lectores decidan su opinión sobre su estructura y ojalá sean más listos que yo.

C: Por mi parte, he de decir que estoy extremadamente contento. Incluso ahora, a mis cuarenta y tantos años, tengo la sensación de que mi compleja e interesante vida no ha hecho más que comenzar, pero nadie me había pedido nunca que diese mi versión de la historia. ¡Y por fin puedo hacerlo! ¡Me encanta hablar!

E: *¿Por qué el libro se titula* Rubik?

R: En mi opinión, el mejor título habría sido que no tuviera ninguno. Pero, como sabemos, los títulos son vistos como necesarios. Y ya que el nombre del Cubo está unido al mío, y ya que soy el autor, me pareció justo compartir el título con él. Cuando nació el Cubo, lo llamé Cubo Mágico, pero hay magia buena y magia mala. Con la mala, alguien con grandes poderes puede convertir a un chico en rana, pero luego, con la buena, la rana puede ser transformada en príncipe. Yo estaba hechizado por el Cubo y lo bauticé de una manera casi protectora, como cuando un rey adopta a un niño que no podría formar parte de la línea de sucesión. La primera vez que le di nombre fue un asunto emocional. Pero luego se convirtió en una cuestión racional y legal.

Necesitábamos un título y yo quería que estuviera conectado con el Cubo. No directamente, pero sí mediante un giro. El término *cúbico*, como sabes, está relacionado con el Cubo en tanto que forma geométrica y nos habla de volumen, lo cual solo es posible en el espacio. En una dimensión medimos distancias; en dos tenemos solo área, y en tres ya hay volumen. Para ser sinceros, Cubo, esto tiene que ver más contigo que conmigo. Pero, a fin de cuentas, espero que comprendas que en realidad tiene que ver con la gente que te quiere.

C: Apenas he entendido lo que has dicho, me he perdido hacia la mitad, pero no pasa nada, ¿no?

E: *¿Cómo se sienten después de esto?*

(Al unísono)

C: ¡Emocionado! ¡Más vivo! ¡Curioso! ¡Juguetón! Quiero hacerlo otra vez.

R: Cansado. Moribundo. Aburrido. Ahora en serio, me siento como si no hubiera terminado, porque ahora empieza lo difícil. Como sabes, soy arquitecto, así que para mí el libro que tienes entre las manos solo es un modelo. Ahora ha llegado el momento de que la gente lo lea, y eso implica trabajar en equipo y compartir. Por desgracia, las modificaciones tendrán que esperar.

E: *Son muy diferentes. ¿Cómo describirían sus contrastes y contradicciones?*

R: Eso es fácil, se puede ver en esta conversación. A mí no me gusta hablar de mí y al Cubo le encanta hablar de sí mismo. De hecho, le encanta que los demás hablemos de él. El Cubo tiene muchas habilidades sociales; yo, no. El Cubo no necesita hablar idiomas para poder comunicarse con cualquier persona, aunque no sea de manera verbal. Yo solo hablo húngaro y algo de inglés. Él es perfecto y yo solo busco la excelencia, algo que raramente se consigue. El Cubo nunca cambia de aspecto, pero yo sí... canas, arrugas, gafas para leer. El Cubo es inmortal; yo, no.

C: ¡Eso es tan triste! Yo no vivo ni en el pasado ni en el futuro, ¡sino en el presente!

R: Puede que ya lo sepas, pero el único problema con eso es que el presente no existe. Solo es un punto móvil sin dimensión en la línea de tiempo, que viene del pasado y va infinitamente hacia el futuro. Pero también podrías decir lo contrario, que solo el presente existe; el pasado ya fue y el futuro aún no ha nacido.

E: *¿Me permite que le interrumpa? Tengo una pregunta para el Cubo: ¿qué se siente al ser el tema de un libro?*

C: ¡Me encanta! Pero mira, ya he sido el protagonista de muchos libros, así que esto no es nada nuevo para mí. Lo que sí es nuevo, y en mi opinión muy interesante, es que lo hayamos hecho juntos. Estos movimientos me resultan muy familiares. Tengo la sensación de estar girando. Y es muy especial para mí verlo trabajar conmigo de una manera nueva. Empezó hace casi cincuenta años, pero ahora tiene una oportunidad distinta y un enfoque diferente. No puedo decir que sea mejor. De hecho, tal vez sea peor. Y, ahora que lo pienso, debería haber tenido muchas más oportunidades de expresarme.

R: Ya sé que no me ha preguntado a mí, pero me gustaría añadir algo. Tengo un comentario que hacer, no sobre la respuesta, sino... sobre la pregunta. Es un buen ejemplo de cómo una pregunta puede ser al mismo tiempo una afirmación. Eso no es necesariamente un problema en sí mismo, solo si la afirmación no es cierta. El Cubo no es el protagonista de este libro. Se puede decir que es uno de ellos, que es más importante, interesante y colorido que yo. Pero el verdadero tema somos nosotros, todos nosotros.

E: *¿Y cuáles son sus planes de futuro?*

C: Me gustaría involucrarme más en cuestiones de educación. Pero, en deportes, ¡mi objetivo es llegar a las Olimpiadas! Y creo que estaría bien tener una galería de arte. Ya soy una estrella de cine. He tenido varios papeles de actor secundario, pero me gustaría alguno de protagonista. Tengo monumentos en mi honor, y eso que aún estoy vivo. Y no quiero hablar de tener mi propio canal de televisión por cable porque, como sabes, soy muy modesto.

R: Estoy de acuerdo con él en lo de la educación. Además, aún tengo algunas pocas ideas dentro de mí a las que me gustaría dar vida antes de jubilarme para siempre.

E: *La última pregunta. ¿Podrían describir lo que significan el uno para el otro?*

R: Mmmmmm, tenemos mucha cercanía. Somos compañeros. Somos socios. Entendemos la naturaleza esencial del otro de un modo muy profundo. Pero el Cubo, por supuesto, siempre será la estrella, y a mí eso me parece bien.

C: Él es, por supuesto, uno de mis padres, junto con la Madre Naturaleza. ¡Y creo en él! Soy su creación, después de todo. Pero, de alguna manera, yo también lo cambié a él. Abrí su vida del mismo modo en que él lo hizo con la mía. Sin mí solo sería otro húngaro con algunas ideas locas.

¡Pero mira qué hora es! Lo siento, chicos, tengo una cita con algunos de mis fans. Tengo que irme pero... ¿por qué no os quedáis jugando?